江苏省乡村规划建设研究会
江苏省城乡发展研究中心　组织编写

新时代鱼米之乡：
2022江苏乡村调查

罗震东　崔曙平　李红波　闰　海　著

中国建筑工业出版社

审图号：苏S（2024）21号

图书在版编目（CIP）数据

新时代鱼米之乡：2022江苏乡村调查 / 罗震东等著；
江苏省乡村规划建设研究会，江苏省城乡发展研究中心组
织编写. --北京：中国建筑工业出版社，2024.12.
ISBN 978-7-112-30679-4

Ⅰ. D668

中国国家版本馆CIP数据核字第2024QQ7484号

责任编辑：张智芊　宋　凯
责任校对：赵　力

新时代鱼米之乡：2022江苏乡村调查
江苏省乡村规划建设研究会
江苏省城乡发展研究中心　　组织编写
罗震东　崔曙平　李红波　闫　海　著

*

中国建筑工业出版社出版、发行（北京海淀三里河路9号）
各地新华书店、建筑书店经销
华之逸品书装设计制版
天津裕同印刷有限公司印刷

*

开本：787毫米×1092毫米　1/16　印张：13¾　字数：249千字
2024年12月第一版　　2024年12月第一次印刷
定价：**98.00**元
ISBN　978-7-112-30679-4
（43897）

序

改革开放以来的高速经济发展与城镇化进程，推动了拥有数千年历史的"乡土中国"快速转向"城市中国"。然而准确地说，诸如中国这样幅员辽阔的人口大国，无论是从经济社会发展规律而言，还是基于国家安全所需，最终都不可能变成一个完全意义上的"城市国家"，如新加坡那样。因此，我们无法回避地要面对如何建设一个更和谐、更美好、更具魅力的"城乡中国"的问题。中国的经济社会发展到了今天这个阶段，要建设这个美好和谐的"城乡中国"，其最大的难点、最明显的短板、最艰巨的突破毫无疑问是在乡村。没有乡村的振兴，就没有中国式现代化、社会主义世界强国等一系列战略目标的实现。

江苏是中国经济最发达、城镇化水平最高的省区之一，在这样一个先行发展的地区，其遇到的乡村问题最为突出、城乡矛盾最为尖锐。当然，正如习近平总书记多次对江苏乡村发展所提出的要求那样，其探索乡村振兴示范路径的责任也最为重大。自从2011年推动全省乡村环境整治以来，江苏紧密结合省情实际与阶段性任务重点，先后实施了美丽乡村、特色田园乡村、农村住房条件改善、特色田园示范区建设等一系列重大工程，在乡村建设、乡村振兴方面取得了令人瞩目的斐然成就。可以说，经过十余年的不懈努力，江苏的乡村建设与发展已经到了一个新的层面，江苏的城乡二元关系已经发生了根本转变。江苏的乡村建设、乡村振兴总体上已经走到了全国的最前列，以"特色田园乡村"为标志，为全国的乡村振兴提供了"江苏方案"，展现了社会主义新农村的"现实模样"。

特别需要指出的是，江苏在乡村建设、乡村振兴方面一系列巨大成就的取得，我认为首先最重要的工作基础就是延续十年的"江苏乡村调查"，甚至也可以认为，乡村调查是支撑江苏乡村建设、乡村振兴工作实现持续升级、不断成功的"法宝"。早在20世纪30年代，费孝通先生就在这片土地上开展乡村社会调查，并出版了影响世界的中国乡村研究奠基之作《江村经济》；从20世纪80年代到20世纪90年代，伴随着江苏自下而上城镇化、乡镇企业的发展，针对江苏乡村发展的调研成果更是汗牛充栋；2012年，面对城镇化加速、城乡二元格局加剧的现实，为了科学有序地指导全省乡村环境整治工作，江苏开展了覆盖全省域、全类型的乡村调查，深入的乡村调查为全省乡村环境整治系列政策出台、精准施策提供了科学有力的支撑；随后的十年中，江苏又先后开展了"苏北农民住房调查"（2018）、"江苏省小城镇调查"（2021）、"苏北农房改善成效与农民意愿调查"（2021）、"苏南苏中农村住房条件改善意愿和乡村建设现状调查"（2022）、"CD级农危房所有权人调查"（2022）、"江苏省乡村建设评价调查"（2021、2022）……这些江苏乡村调查，既有覆盖全域的综合性调查，也有聚焦专门问题的专题性调查，还有针对实施效果的评价性调查，可谓类型多样、丰富多彩。更难能可贵的是江苏能持续进行十年的乡村调查，这在全国恐怕也是不多见的。今天呈现在我们面前的《新时代鱼米之乡：2022江苏乡村调查》，就是向大家立体化、全景式展示江苏近十年来乡村发展蝶变的一部力作，透过书中这些翔实的数据、典型的案例、精准的点评，我们不仅可以管窥江苏乡村发展的巨大成就，而且可以体会到这样一批研究者们令人钦佩的长期学术坚守与求真务实的精神。

自2012年全省乡村调查后的十年来，江苏的城镇化水平又提升了十余个百分点，乡村环境面貌发生了巨大的变化，然而更重要的是城乡关系的巨大变化、乡村角色与功能的巨大变化。因此，我们可以说江苏的乡村发展并非是线性演变的十年，而是沧海巨变、化蛹成蝶的十年。江苏用自己的实际行动与骄人成就，绘制了一幅面向中国式现代化进程中乡村蝶变的壮美图景。今天，我们面对百年未有之大变局，站在新的历史起点上，不得不关注中国的乡村振兴环境、乡村振兴之路与西方国家的"同"与不同，不得不思考中国的乡村问题如何解决、乡村振兴如何向世界贡献一个"中国方案"。

江苏作为中国式现代化建设的先行区，其乡村发展中也面临着很多新问题、新挑战，诸如：如何更好地解决区域乡村发展的不均衡问题，并针对这种不均衡局面更加精准地差异化施策？在江苏整体进入高水平城镇化阶段以后，结合城乡交通、信息网络、居民需求取向等一系列变化，如何更加前瞻地认识乡村的功能与演变趋向？如何突破当前乡村振兴路径模式比较单一化的现象（例如绝大多数都是做乡村文旅文章），而针对不同地域、不同类型的乡村探索符合其实际的多样化乡村振兴策略？面对当前及未来公共财政趋紧的压力，如何改变政府自上而下推动、单纯依靠财政支撑的传统方式，真正拓宽多元社会主体尤其是村民参与乡村建设与振兴的可行路径？当前涉及乡村振兴的部门众多但各自为政，尤其是针对机构改革以后乡村规划与建设相分离的现实困境，如何突破种种体制机制障碍，整合各方力量与资源，实现乡村振兴中的协同发力？面对高水平城镇化、高质量发展等新要求，面对城乡居民需求与生活方式的新变化，如何促进城乡融合，实现城乡之间要素的合理对流与优化配置？等等这些当前江苏在乡村发展中遇到的新问题、新挑战，也必将是全国许多其他地区要遇到的。而要解决这些问题，毫无疑问首先还是要依据深入扎实、科学求真的乡村调查，这也正是这部《新时代鱼米之乡：2022江苏乡村调查》试图为我们提供的答案。

期待这部描绘中国式现代化进程中江苏乡村十年蝶变的著作早日出版，故欣然为之序。

南京大学建筑与城市规划学院教授
中国城市规划学会城乡治理与政策研究专委会主任

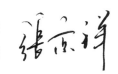

前　言

习近平总书记指出，"调查研究是谋事之基、成事之道，没有调查就没有发言权，没有调查就没有决策权""正确的决策离不开调查研究，正确的贯彻落实同样也离不开调查研究"。遵照习近平总书记的要求，在政策制定之前，先作细致而深入的调查研究，已经成为江苏城乡建设工作的一种范式。十余年来，江苏乡村调查工作持续开展、渐次深入。从调查中获取江苏乡村最真实的情况、村民们最迫切的需求和乡村发展的最普遍规律，相关研究成果不仅为省委、省政府实施乡村建设行动提供了决策参考，也成为快速城镇化进程中江苏乡村建设发展的真实记录。

7

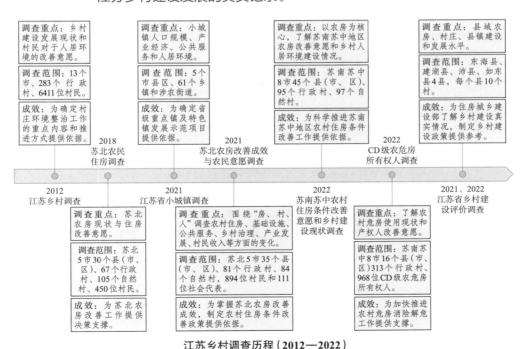

江苏乡村调查历程（2012—2022）

　　本书深入学习贯彻习近平总书记的重要指示精神，积极响应全党大兴调查研究之风的号召，紧紧围绕党的十八大以来国家和江苏有关乡村建设的一系列重大决策部署进行谋篇布局。既有对全省乡村建设情况的总体分析，又有分别聚焦国家层面乡村建设行动的实施、江苏特色的苏北农房改善、农村住房条件改善专项行动等的调查研究，力图以优质的跟踪调查评估成果，系统总结江苏乡村建设取得的历史性成就，回答中国式现代化江苏乡村振兴的时代之问，助力面向中国式现代化的江苏乡村建设新实践。

　　本书由主报告和四个专题报告组成。

　　主报告：江苏乡村十年发展变迁。报告立足长达十年对江苏乡村经济社会和人居环境的动态观察，结合全国层面的数据，科学评析江苏省乡村建设现状，并对标中国式现代化的目标和内涵，提出面向中国式现代化的江苏乡村建设实践策略。

　　专题1：江苏乡村建设政策演进与实践探索。系统梳理近十年来江苏省委、省政府推动乡村建设的主要行动，全面呈现这些重大行动的启动背景、目标任务和工作成效。全面总结江苏省推动乡村建设的主要做法，提供可复制、可模仿的经验集成。同时选择苏州、泰州、宿迁等市的典型案例，呈现江苏地方政府推动乡村建设的积极探索和扎实实践。

　　专题2：苏北农房改善成效与农民意愿调查。在2018年苏北农房改善调查的基础上，于2021年苏北农房改善工作收官之际，围绕"房、村、人"，对苏北五市84个样本自然村、894位农民和111位社会各方代表开展了调查与研究。调查聚焦农房建设情况、村庄建设情况和村庄经济发展情况三个方面，是对苏北农房改善工作决策部署的动态跟踪和决策后的绩效评估，为全省推进农村住房条件改善行动提供了决策参考。

专题3：苏南苏中农村住房条件改善意愿和乡村建设现状调查。在2022年农村住房条件改善专项行动实施的开局之年，对苏南苏中八市97个自然村、1016户农户开展了调查与研究。调查围绕农村住房条件、村民农房改善意愿以及村庄建设现状展开，是农房调查研究从苏北地区向苏南苏中地区的拓展延伸，为进一步推动江苏乡村建设行动的实施提供了决策参考。

专题4：江苏乡村建设评价（2021—2023年）。立足住房和城乡建设部连续三年开展的乡村建设评价工作，基于乡村建设评价指标体系，对获得优秀等次的乡村建设评价报告进行系统总结梳理。结合全国数据库的比对结果，客观评估江苏乡村建设行动的实施成效，针对当前存在的问题和短板，提出具有针对性的乡村建设水平提升策略建议。

习近平总书记强调，"全面建设社会主义现代化国家，实现中华民族伟大复兴，最艰巨最繁重的任务依然在农村，最广泛最深厚的基础依然在农村""中国式现代化既要有城市的现代化，又要有农业农村现代化"。乡村发展是一个长期变化的历史过程，需要保持历史的耐心，久久为功，持续用力。本书旨在抛砖引玉，为回答中国式现代化江苏乡村振兴的时代之问提供启迪和思路。

目 录

I 主报告：
江苏乡村十年发展变迁

一、乡村经济社会变迁 002
　　（一）乡村数量 002
　　（二）乡村产业 007
　　（三）乡村人口 013
二、乡村人居环境变迁 024
　　（一）农民住房变迁 024
　　（二）公共服务设施配置 027
　　（三）基础设施配置 029
　　（四）村民人居环境评价 032
三、乡村发展建设成效 034
　　（一）乡村经济发展成效 034
　　（二）乡村风貌建设成效 038
　　（三）问题、短板与挑战 044
四、面向中国式现代化的江苏乡村建设 048
　　（一）中国式现代化乡村建设的内涵和目的 048
　　（二）面向中国式现代化的江苏乡村建设新要求 054
　　（三）面向中国式现代化的江苏乡村建设新策略 057

II 专题1：
江苏乡村建设政策演进与实践探索

一、近十年省委、省政府推动乡村建设的主要行动　073
　　（一）村庄环境整治行动（2011—2015年）　073
　　（二）村庄环境改善提升行动（2016—2018年）　075
　　（三）特色田园乡村建设行动（2017年至今）　077
　　（四）苏北地区农民群众住房条件改善行动（2018—2021年）　080
　　（五）农村住房条件改善专项行动（2022年至今）　082
二、省级层面推动乡村建设的主要做法　085
　　（一）重视全过程调查，全面掌握实际情况　085
　　（二）立足县域统筹，因地制宜分类推进　088
　　（三）加强技术支撑，提升规划设计水平　091
　　（四）建设联动发展，不断放大综合效应　093
　　（五）倡导"万师下乡"，陪伴乡村规划建设　095
　　（六）优化工作组织，保障行动实施成效　099
三、地方政府推动乡村建设的典型案例　102
　　（一）苏州：依托优势资源，由点及面推动乡村连片发展　102
　　（二）泰州：分类引导乡村风貌特色塑造　106
　　（三）宿迁：集成多方力量，因地制宜改善农民群众住房条件　109

III 专题2：
苏北农房改善成效与农民意愿调查

一、农房建设情况　116
　　（一）农房质量安全　116
　　（二）农房户型功能　118
　　（三）农房地域特色　119
　　（四）农房改善成本　120

二、村庄建设情况 121

　　（一）基础设施 121

　　（二）公共服务设施 123

　　（三）风貌特色 125

　　（四）乡村治理 127

三、村庄经济发展情况 129

　　（一）村庄产业 129

　　（二）村级集体经济 130

　　（三）农民就业与收入 131

四、总结 133

　　（一）加速城乡关系重构 133

　　（二）助推县域经济发展 135

　　（三）强化乡村振兴的人才支撑 136

IV 专题3：
苏南苏中农村住房条件改善意愿和乡村建设现状调查

一、调查概况 139

　　（一）背景与目的 139

　　（二）调查内容 140

　　（三）调查样本 141

　　（四）调查过程 142

二、农房建设现状 145

　　（一）总体状况 145

　　（二）建设质量 148

　　（三）户型功能 151

三、村庄建设现状 154

　　（一）经济社会发展 154

　　（二）基础设施建设 155

　　（三）公共服务设施建设 157

（四）城乡联系水平　　　　　　　　　　　158

四、住房改善意愿　　　　　　　　　　　　159

　　（一）农房改善意愿总体特征　　　　　159

　　（二）多因素影响显著性分析　　　　　161

　　（三）村庄类型对改善意愿的影响　　　162

　　（四）房屋建造年代对改善意愿的影响　163

　　（五）经济发展水平对改善意愿的影响　165

五、问题与经验　　　　　　　　　　　　　167

　　（一）共性问题　　　　　　　　　　　167

　　（二）个性问题　　　　　　　　　　　169

　　（三）实践经验　　　　　　　　　　　171

　　（四）创新做法　　　　　　　　　　　173

六、策略与建议　　　　　　　　　　　　　176

　　（一）　农房改善策略　　　　　　　　176

　　（二）　实施措施与政策建议　　　　　178

V 专题4：
江苏乡村建设评价（2021—2023年）

一、基本情况　　　　　　　　　　　　　　183

　　（一）样本县基本情况　　　　　　　　183

　　（二）指标体系构建原则　　　　　　　184

　　（三）工作开展情况　　　　　　　　　184

二、乡村建设成效评价　　　　　　　　　　186

　　（一）农房品质风貌建设效果明显　　　186

　　（二）村庄人居环境状况逐步改善　　　187

　　（三）村镇公共服务能力稳步提升　　　188

　　（四）县域融合发展水平逐步提高　　　190

三、乡村建设问题梳理　　　　　　　　　　191

　　（一）农房建设管理水平有待提高　　　191

（二）村庄污水处理能力亟待加强 192

（三）教育质量和设施水平待提升 192

（四）县域远程医疗服务亟需完善 193

（五）村民参与乡村治理积极性低 194

四、有关建议 196

（一）构建农房管理长效机制，提升农房现代化水平 196

（二）探索污水、垃圾维管机制，改善乡村人居环境 196

（三）完善各级教育基础设施，提高教育教学质量 197

（四）健全分级医疗服务体系，推进医养结合发展 197

（五）健全乡村基层治理体系，提升村庄治理水平 197

后记 **199**

I

主报告：
江苏乡村十年发展变迁

执 笔 人：罗震东　崔曙平　富　伟　袁超君
　　　　　卞文涛
完成单位：江苏省城乡发展研究中心
　　　　　南京大学空间规划研究中心

一、乡村经济社会变迁

 **乡村数量**

1.村庄数量

村庄数量的变化是体现农村发展历史进程的重要指标。省域苏南、苏中、苏北三大区域的村庄数量变化，较为直观地反映出三大地域乡村发展的不同特点。

（1）村庄数量逐年减少，"合村并居"有效推动新型城镇化

十年来行政村数量逐年减少。根据江苏省统计局公布的2012—2022年统计年鉴数据，截至2021年底江苏省的行政村数量共计13767个，相比2011年的15625个，共计减少了1858个，总降幅为11.9%（表1-1-1）。十年中，开局和收尾年份行政村数量降幅较大。2012年减少459个，2013年减少628个，降幅最为剧烈；中间的2013年到2018年数量总体保持平稳，降幅在100个以内，同比减少仅约1%；2018年后，年均降幅达到4.64%，三年分别减少了208个、157个和278个（图1-1-1）。

2011—2021年江苏行政村数量变化　　　　　　　　　　　　　　表 1-1-1

年份	2011	2012	2013	2014	2015	2016	2017	2018	2019	2020	2021
全　省	15625	15166	14538	14428	14486	14477	14462	14410	14202	14045	13767
南京市	571	452	345	287	287	287	283	283	282	326	324
无锡市	673	657	632	629	628	639	639	639	637	554	545
徐州市	2166	2082	2058	2041	2041	2041	2042	2036	2037	2036	2031
常州市	782	777	650	650	648	645	645	641	628	605	599
苏州市	1097	1081	1044	1041	1039	1036	1026	1025	1016	1015	964
南通市	1425	1340	1318	1315	1310	1304	1304	1297	1296	1295	1295

续表

年份	2011	2012	2013	2014	2015	2016	2017	2018	2019	2020	2021
连云港市	1432	1438	1433	1432	1432	1432	1432	1429	1423	1423	1428
淮安市	1458	1458	1454	1451	1451	1451	1453	1420	1421	1421	1276
盐城市	1900	1857	1751	1752	1831	1826	1826	1821	1805	1759	1759
扬州市	1127	1021	1015	1014	1008	1005	1005	1015	1013	1009	1009
镇江市	504	504	495	495	490	490	489	489	489	488	484
泰州市	1471	1471	1447	1425	1425	1425	1425	1422	1262	1226	1165
宿迁市	1019	1028	896	896	896	896	893	893	893	888	888

数据来源：江苏省2012—2022年统计年鉴。

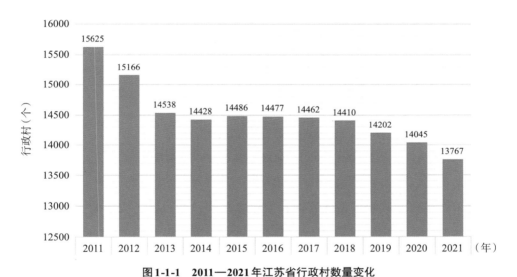

图 1-1-1　2011—2021 年江苏省行政村数量变化

（数据来源：江苏省 2012—2022 年统计年鉴）

"合村并居"工程是村庄数量减少的主要原因。通过"合村并居"，江苏省有效地推动了新型城镇化进程，大幅改善了乡村的公共服务和基础设施水平。由于面广量大，"合村并居"过程中难免存在一定问题。例如操作程序不够严密，调整后村居规模过大导致治理难度加大，以及片面追求城镇化率等。2020年底，江苏省人民政府发布《关于进一步依法规范农村"合村并居"工作程序的指导意见》，确定了"合村并居"的适度设置规模，从制度层面避免村居过大所引起的风险。

（2）村庄数量南少北多，南北村庄数量差进一步扩大

省域村庄数量总体呈现出南少北多的特征。苏南（南京市、镇江市、常州市、无锡市、苏州市）、苏中（扬州市、泰州市、南通市）、苏北（徐州市、连云港市、

宿迁市、淮安市、盐城市）三大地域村庄数量由南而北呈现显著递增态势。截至2021年末，苏南、苏中以及苏北行政村数量分别为2916个、3469个以及7382个；以地级市为单元平均，苏南地区每个城市约583个行政村，苏中地区的数量约为1156个，苏北地区约为1476个（图1-1-2）。

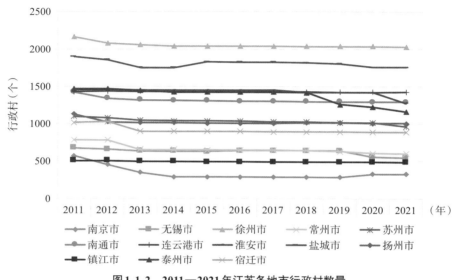

图1-1-2　2011—2021年江苏各地市行政村数量

（数据来源：江苏省2012—2022年统计年鉴）

由于村庄数量减少程度的不同，十年来苏南、苏北村庄数量差进一步扩大。2011—2021年，苏南地区共减少行政村711个，苏中减少554个，苏北减少593个，降幅分别为24.38%、15.97%以及8.03%，村庄数量减少量自南向北逐步降低，南北村庄数量差进一步扩大。苏南地区中，南京市十年间行政村数量降幅达43.26%，为省内最高；苏中地区中，泰州市行政村数量降幅达到20.8%，位列全省第三；苏北地区中，连云港市行政村数量降幅仅为0.28%，数量变化全省最小。村庄数量减少的幅度一定程度上反映了江苏省域城镇化进程的南北差异，苏南地区已经进入城镇化高级阶段，苏中、苏北地区仍有进一步推动城镇化的空间。

2.村庄各类型数量

根据村庄的不同发展阶段和发展状况，研究将江苏省域自然村划分为规划发展村庄、一般村庄以及拆迁撤并类村庄三大类。规划发展村庄是指经过规划、建设和管理，具有一定经济和社会发展潜力，能够承载和支撑农村经济社会发展的村庄，通常拥有较为完善的基础设施和公共服务设施，如道路、水电气、网络等基础设施，以及教育、医疗卫生与文化体育等公共服务设施。一般村庄通常指没有经过规划和建设，基础设施和公共服务设施相对简陋，经济和社会发展相对滞后的村庄。拆迁撤并类村庄主要指因城乡发展建设需要拆除或撤并的村庄，通常也存在人口老龄化、经济发展困难等问题。

（1）一般村庄仍是主要村庄类型

省域一般村庄占比最高，达到55.77%，其次是拆迁撤并类村庄，占比为27.70%，规划发展村庄的比例最低，为16.53%。省内各市一般村庄的占比也普遍较高。其中扬州市的一般村庄占比最高，达到77.35%，宿迁市的一般村庄比例最低，也达到41.40%。相对而言，各市规划发展村庄的占比差异较大。连云港市的规划发展村庄占比最高，为35.19%，而淮安市的规划发展村庄占比仅为6.64%。拆迁撤并类村庄在各市的比例同样存在显著差异，基本与一般村庄占比形成互补情形。宿迁市的拆迁撤并类村庄占比最高，达到51.05%，而扬州市的拆迁撤并类村庄占比最低，仅为3.27%。省域不同城市的村庄发展状况与类型占比存在较大差异（表1-1-2、图1-1-3）。

江苏省村庄类型（2022年） 表1-1-2

地市	自然村总数	规划发展村庄		一般村庄		拆迁撤并类村庄	
		数量	占比	数量	占比	数量	占比
南京	10246	2292	22.37%	6047	59.02%	1907	18.61%
苏州	12939	1472	11.38%	6800	52.55%	4667	36.07%
无锡	7870	1551	19.71%	3883	49.34%	2436	30.95%
常州	13128	2845	21.67%	6308	48.05%	3975	30.28%
镇江	8133	1440	17.71%	4210	51.76%	2483	30.53%
扬州	5593	1084	19.38%	4326	77.35%	183	3.27%
泰州	6881	987	14.34%	3637	52.86%	2257	32.80%
南通	7237	1318	18.21%	3642	50.32%	2277	31.46%
徐州	10003	1618	16.18%	5253	52.51%	3132	31.31%
连云港	5192	1827	35.19%	2827	54.45%	538	10.36%
宿迁	7898	596	7.55%	3270	41.40%	4032	51.05%
淮安	16533	1098	6.64%	10309	62.35%	5126	31.00%
盐城	14234	2687	18.88%	9694	68.10%	1853	13.02%
合计	125887	20815	16.53%	70206	55.77%	34866	27.70%

数据来源：各地市、区县镇村布局规划。

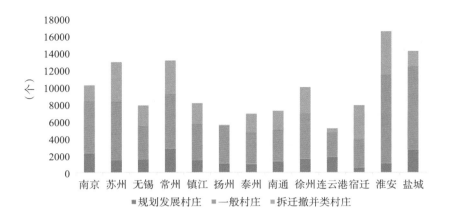

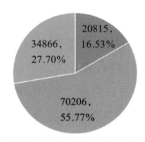

图1-1-3　江苏省各地市村庄（自然村）类型（2022年）

（数据来源：各地市、区县镇村布局规划）

（2）规划发展村庄数量南高北低

村庄类型比例一定程度上反映出不同地区乡村的发展阶段和特点。江苏省域乡村发展不平衡格局依然存在。苏南地区经济发达，城市化进程较为迅速，拥有较多规划发展村庄，占比为18%；苏北地区经济社会发展水平相对滞后，人口流失情况显著，一般村庄的比例相对较高，规划发展村庄的占比较低，仅为15%。规划发展村庄数量占比总体呈现南高北低的特征，虽然数量上的差距已经不大，但发展质量上的差距依然明显。

（3）拆迁撤并类村庄主要分布在苏南和苏北地区

由于苏南地区城市化进程较为迅速，城乡统筹与美丽乡村建设工作实施较早，规划的拆迁撤并类村庄占比最高，达到30%。苏北地区村庄（自然村）数量最多，随着"合村并居"以及高标准农田建设等工程的广泛实施，拆迁撤并村占比也达到了27%。相对而言，苏中地区各方面工作的力度都不太大，拆迁撤并村占比最低，为24%（图1-1-4）。

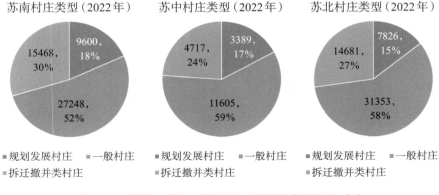

图1-1-4 苏南、苏中、苏北三大区域村庄类型（2022年）

（数据来源：各地市、区县镇村布局规划）

 **乡村产业**

1. 乡村产业结构

就业是民生之本，乡村产业结构很大程度上就反映在乡村三次产业的就业结构中。在缺乏准确详细的乡村产业数据的情况下，本研究采用"七普"及相关统计数据中的从业人员数来反映乡村的产业结构。

（1）乡村产业结构多元，第三产业略显薄弱

根据2020年第七次人口普查中乡村三次产业从业人员数据，江苏乡村三次产业就业结构比为27∶44∶29，呈现出较为多元的就业特征。与全省10∶41∶49的三次产业就业结构相比，第一产业就业比重高于全省17个百分点，第二产业就业比重高于全省3个百分点，第三产业就业比重低于全省20个百分点。相比全省城乡就业结构，乡村劳动力仍主要集中于工业和农业部门。与其他发达地区相比（图1-1-5），江苏乡村第三产业就业比重低于同为沿海发达省份的广东、浙江等省。乡村第三产业发展略显薄弱，是一二三产联动发展的短板。

（2）乡村二产就业稳健增长，三产就业城乡差距加大

乡村第二产业从业人员比重呈现稳定增长的趋势，与全省第二产业从业人员变化趋势相反。2021年全省第二产业就业比重为40.2%，相较于2011年累计降低了2.3个百分点，而乡村第二产业相较于2011年上升了5.4个百分点。

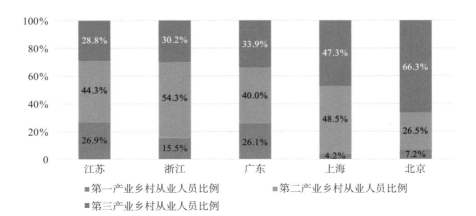

图1-1-5 2020年部分发达省份乡村三次产业从业人员比重

（数据来源：各省第七次人口普查）

乡村第三产业就业比重变化不稳定，多数年份为负增长。2021年乡村第三产业从业人员比重为30.29%，相较于2011年下降了5.2个百分点。同期全省范围内第三产业从业人员比重增长较快，2021年全省第三产业就业比重为46.8%，相较于2011年累计提高了10.2个百分点，服务业就业增量主要来源于城镇就业，城乡就业结构间的差异更加显著（图1-1-6）。

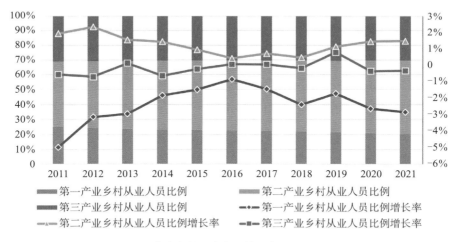

图1-1-6 江苏省乡村三次产业从业人员比重及其增长率

（数据来源：江苏省2012—2022年统计年鉴）

全省三产从业人员比重呈现苏南高，苏中、苏北低的空间格局（图1-1-7a）。然而乡村第三产业从业人员比重呈现苏中高，苏南、苏北低的空间分布格局（图1-1-7b），即使占比最高的泰州市也只有32.4%，仍远低于整体三产从业人员

41.3%的最低占比。这一差异一定程度上说明，苏南地区与主要中心城市第三产业就业吸引力更强，城市服务业就业优势远高于乡村，人口更倾向于向城镇服务业转移。同时苏北地区第一产业仍是乡村就业主要领域，因此，乡村第三产业从业人员比重也较低。

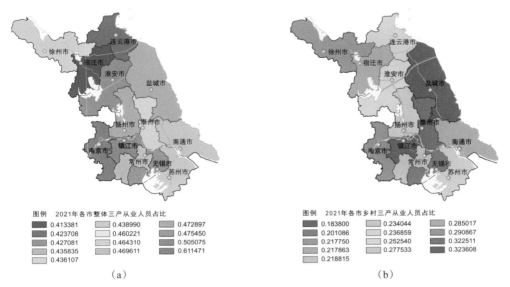

图1-1-7　江苏省2021年各市第三产业从业人员比重：（a）全省；（b）乡村

（数据来源：江苏省各市2022年统计年鉴）

（3）第一产业就业持续下降，产业发展稳中向好

乡村第一产业就业比重呈现持续下降的趋势，与全省变化趋势保持一致。2021年全省第一产业从业人员比重相较于2011年累计降低7.9个百分点，乡村第一产业就业人员比重累计降低4.9个百分点。

尽管乡村第一产业劳动力不断减少，但全省第一产业发展仍然稳中向好。从调研情况来看（图1-1-8），大部分样本乡村仍以第一产业为主，其中发展种植业的乡村占比达78%。从全省第一产业发展情况看，粮食等重要农产品生产相对平稳。据省农业农村厅统计，2021年江苏全年粮食总产量达749.2亿斤，连续8年稳定在700亿斤以上，连续5年创历史新高。农业综合产能不断提升，2021年全省农林牧渔业总产值8279.2亿元。农产品质量稳中向好，绿色食品企业2270家、产品5054个，绿色、有机及地理标志农产品总量居全国第一。新建高标准农田390万亩，投资标准由每亩1750元提升至3000元。

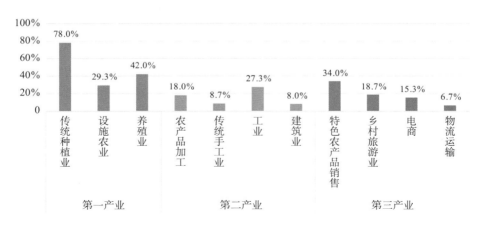

图1-1-8 样本行政村主要产业类型分布

（数据来源：2021年苏北农房改善成效与农民意愿调查、2022年苏南苏中农村住房条件改善意愿和乡村现状调查样本自然村调查数据）

2.区域产业格局

（1）农业资源差异明显，苏北"粮仓"地位稳固

苏北五市耕地占有量占全省耕地面积的54.74%，是财政资金重点倾斜的粮食主产区，尤其里下河地区和徐宿淮地区承担主要的农业生产功能。第一产业从业人员比重也呈现出明显的从苏北到苏南递减的特征（图1-1-9a）。近年来，在省委、省政府的大力扶持下，苏北各县市积极探索、推进农业现代化，农业生产已由过去的作坊化、小型化慢慢向集中化、大型化甚至工业化的方向发展。典型如淮安市淮安区车桥镇三庄村，积极探索发展高效规模农业，村集体成立土地股份专业合作社，对全村土地进行连片整理，新增耕地990亩。目前已建成项目基地1000亩、稻虾稻蟹共作基地1500亩、芡实种植基地600亩、有机稻米项目基地400亩，2020年村集体经济收入达到80万元以上。

（2）乡村第二产业呈"南高北低"分布，苏南保持前列

苏南及沿江地区良好的工业基础与20世纪70年代开始的乡村工业化进程密切相关，这一进程塑造了著名的"苏南模式"，不仅实现了农村剩余劳动力的就地城镇化，同时也推动了苏南乡村从传统走向现代。从全省乡村第二产业从业人员比重可以清晰地看到"南高-北低"的分布特征，苏中沿江和苏南地区成为乡村第二产业主要集聚区（图1-1-9b）。这些地区的乡镇企业在先后经历"股份合作制""私有化"等多轮改革后，逐渐转型、升级，不仅为地区经济的持续繁荣作出了巨大贡

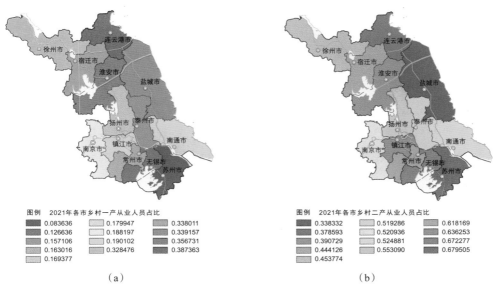

图1-1-9 江苏省各市乡村产业从业人员比重：（a）第一产业；（b）第二产业

（数据来源：江苏省各市2022年统计年鉴）

献，也使得所在乡村的经济发展水平远高于全国平均水平。典型如苏州市常熟市古里镇康博村（原名山泾村），1976年该村的11位村民凭借8台家用缝纫机成立村办缝纫组，经过多年发展壮大，塑造了世界知名的羽绒服品牌——波司登。目前康博村围绕波司登已经形成以企业总部、加工基地和物流枢纽为主体的产业集群。最新投资建成的6万平方米的康博智能制造产业园，入驻项目涵盖汽车零部件、智能制造、精密机械等多个领域，总投资达3.6亿元。不断发展壮大的产业，不仅全面解决了康博村和周边乡村的就业问题，在共同富裕路径上也积累了积极、有益的探索经验。

（3）围绕新经济乡村第三产业亮点不断

随着新经济的蓬勃发展，以乡村旅游、电子商务为代表的新兴产业在乡村迅速扩散、持续发展。2021年全省乡村休闲旅游业年接待游客3亿人次，年综合收入超过900亿元[①]。苏州市高新区通安镇树山村依托优美的生态环境与深厚的人文底蕴发展乡村旅游产业，目前已引进30多家文旅企业，酒店、民宿、农家乐、咖啡店

[①] 江苏人大发布：《3.6亿人次游客、902亿元综合收入、94万户农民受益 江苏休闲农业动能澎湃》。

等业态80余家[1]，年旅游接待人数已超120万人次，村内各业态营业年总收入近2亿元[2]，先后获得全国农业旅游示范点、全国乡村旅游重点村、江苏省特色田园乡村、江苏省五星级乡村旅游区等150多个国家级、省市区荣誉称号。连云港市经济技术开发区朝阳街道韩李村依托万亩桃园，精心打造的省三星级乡村旅游点，成为历史底蕴深厚、生态旅游资源丰富、城市居民向往的休闲度假目的地。

江苏农村电商产业已经完成多轮迭代进化，产业规模、质态和竞争力快速提升，形成了徐州、宿迁、苏州三大核心（图1-1-10）。2022年，江苏省淘宝村数量已经达到了779个，一批具有地域优势的农特产品，如沭阳苗木、丰县苹果、阳澄湖大闸蟹、沙集家具等，在网上营销规模不断扩大，品牌影响力进一步提升，形成了"沭阳模式""沙集模式"等闻名全国的先进典型。徐州市目前已建成3个国家级、5个省级电子商务进农村综合示范，获批省级电商示范村23个，创建市级电子商务示范村22个，形成了体系健全、典型带动、相互补充的农村电商多层级示范体系[3]。徐州各优势农特板块依托电商产业优势，成功打造出睢宁简约家具、铜山玻璃制品、新沂皮草及化妆品、丰沛邳农副产品、贾汪实木家具五大电商特色产业集聚区。

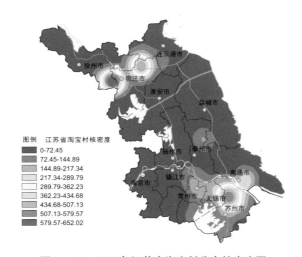

图1-1-10　2020年江苏省淘宝村分布核密度图

（数据来源：2020年江苏省淘宝村名单）

---

[1] 苏州高新区管委会：《树山村"创艺树山"获评江苏乡村旅游业态创新示范项目》。

[2] 新华日报：《苏州树山生态村：打造生态空间 助力乡村振兴》。

[3] 新华日报：《乘"数"而上，徐州电商产业风劲势足》。

（三）乡村人口

1.人口规模

十年来乡村人口总量持续下降，人口外流现象严重。随着全省城镇化进程的快速推进，城镇提供的丰富就业岗位和各类优质服务吸引大量乡村劳动力流入城市，乡村人口规模持续缩小，从2012年的3003.5万下降至2021年的2216.5万。同时乡村人口占全省人口的比重也呈现出不断下降的趋势，从2012年的37.0%下降至2021年的26.1%（图1-1-11）。

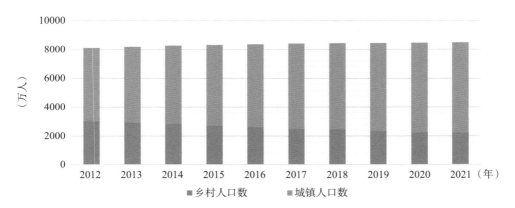

图1-1-11　2012—2021年江苏省人口数及其城乡构成

（数据来源：历年江苏省统计年鉴）

2. 人口结构

1）年龄结构

近十年乡村地区老龄化呈现进一步加重的趋势。乡村年轻劳动力占比明显下降，老年人占比明显上升。2020年全省村庄0～14岁、15～59岁、60岁以上的年龄结构分别为：13.97∶54.22∶31.81，对比2010年江苏乡村年龄结构（14.13∶66.18∶19.68），0～14岁人口占比略微下降，15～59岁的人口占农村人口仍过半[①]，但较2010年明显收缩（图1-1-12）。同时60岁以上的人口占比超30%，乡村老龄化态势

---

① 江苏省统计局对农村劳动适龄人口的划分为：男16～59岁，女16～54岁。

相较于2010年更为明显，已抵达重度老龄化阶段[①]。在总量变化上，60岁以上的人口数量明显增加，0~14岁、15~59岁的人口数量显著下降，尤其15~49岁青壮年人口远低于2010年（图1-1-13）。

对比城乡年龄结构，2010年城市和乡村的年龄结构差距不大（图1-1-14），均呈现为静止型[②]，而2020年城乡年龄结构的差距显著（图1-1-15），城市仍呈现为静止型，但乡村已呈现为缩减型。从人口红利角度进行分析，2020年江苏乡村地区人口总抚养比例达到62.56%，已从2010年的"人口红利"时期演化至"人口负债"时期[③]。乡村地区严重的人口空心化现象将直接影响未来发展活力。

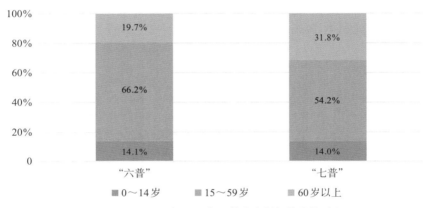

图1-1-12　2010与2020年江苏省乡村年龄结构对比

（数据来源：第六次、第七次全国人口普查）

① 根据联合国的划分标准，当一国60岁及以上人口比例超过10%或者65岁及以上人口比例超过7%，则认为该国进入"老龄化"社会；当这两个指标翻番（即60岁及以上人口比例超过20%或65岁及以上人口比例超过14%）的时候，则认为该国进入"中度老龄"社会；60岁以上人口占总人口比重超过30%或65岁以上人口比重超过21%，表示进入重度老龄化社会。

② 人口金字塔基本可分为三类：（1）增长型，塔形呈上尖下宽，表明少年人口比例大，老年人口比例低，年龄构成类型属年轻型，说明未来结婚生育的人数多，死亡率也高，人口发展呈持续增长趋势；（2）缩减型，塔形下部向内收缩，表明少年儿童比例低，中、老年人口比例大，年龄构成类型属老年型，说明未来年轻人越来越少，生育率低，死亡率也低，人口发展呈减少趋势；（3）静止型，塔形上下差别不大，曲线比较平稳，少年儿童比例及老年人口比例介于前两种类型之间，年龄构成类型属成年型，说明未来结婚生育的人数不会有明显增加，人口将保持原状。

③ 研究认为，总抚养比小于50%（14岁及以下少儿人口与65岁及以上老年人口之和除以15~64岁劳动年龄人口）为人口红利时期，总抚养比大于50%为退出人口红利时期，当人口总抚养比超过60%时，进入"人口负债"时期。

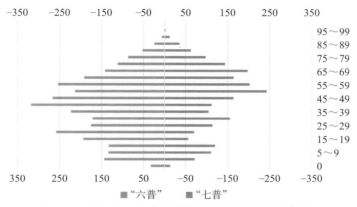

图1-1-13 2010与2020年江苏省乡村年龄结构金字塔对比

（数据来源：第六次、第七次全国人口普查）

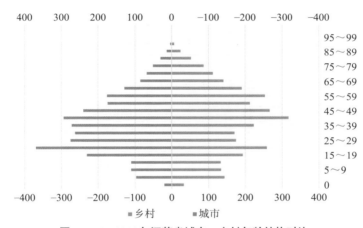

图1-1-14 2010年江苏省城市、乡村年龄结构对比

（数据来源：第六次全国人口普查）

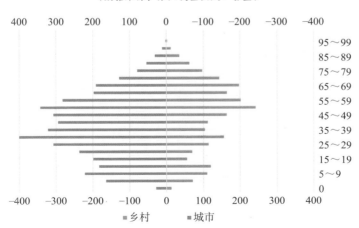

图1-1-15 2020年江苏省城市、乡村年龄结构对比

（数据来源：第七次全国人口普查）

在2021年苏北农房改善成效与农民意愿调查、2022年苏南苏中农村住房条件改善意愿和乡村建设现状调查的入户访谈中，65岁以上老人的占比已高达40%。当然这一比例可能由于访谈时间多为白天，年轻人大多外出务工，因此占比偏高。但也从一个侧面反映出当前乡村基本为老年人留守的现状（图1-1-16）。从13个地级市农民调查样本看，南通、泰州两市入户调查时的老龄人口占比最高，分别达到65.6%、51.3%；连云港最低，也达到29.1%（图1-1-17）。

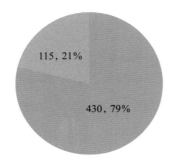

图 1-1-16　受访农民年龄结构（单位：人）

（数据来源：2021年苏北农房改善成效与农民意愿调查、2022年苏南苏中农村住房条件改善意愿和乡村现状调查样本农户调查数据）

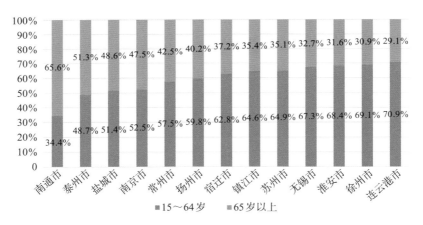

图 1-1-17　受访农民年龄区间分布

（数据来源：2021年苏北农房改善成效与农民意愿调查、2022年苏南苏中农村住房条件改善意愿和乡村现状调查样本农户调查数据）

根据样本村庄数据显示，近10年来苏南、苏中地区的适龄劳动力比重仍保持一定优势，苏北拥有最大的村庄平均劳动力资源规模[①]。从乡村劳动力的区域分布看，适龄劳动力占比苏南地区最高，苏北地区最低。苏南、苏中、苏北三大区域人口年龄结构分别为：10.0:55.8:34.2、10.2:54.9:34.9、20.0:51.1:28.9（图1-1-18），苏北地区14岁以下孩童数量占比最高。从三大区域村庄适龄劳动力平均规模看，苏南、苏中、苏北地区样本自然村适龄劳动力平均规模分别为330人、306人、710人（图1-1-19），苏北地区的村庄平均劳动力资源规模显著高于其余两地区，这一定程度上与苏北地区相对较高的出生率有关。

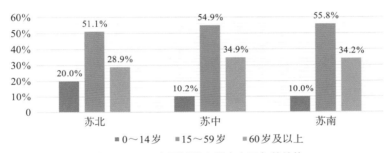

图1-1-18　三大区域样本村庄人口年龄结构

（数据来源：2021年苏北农房改善成效与农民意愿调查、2022年苏南苏中农村住房条件改善意愿和乡村现状调查样本自然村调查数据）

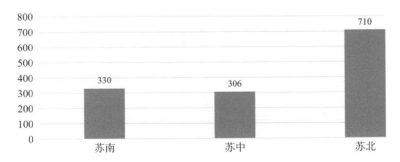

图1-1-19　三大区域样本自然村平均劳动力资源规模（单位：人/村）

（数据来源：2021年苏北农房改善成效与农民意愿调查、2022年苏南苏中农村住房条件改善意愿和乡村现状调查样本自然村调查数据）

2）教育结构

近10年来乡村教育结构优化效果较为明显，人口受教育程度显著提升，但城乡高学历人口占比差距拉大，乡村文盲占比下降幅度明显弱于城市。2020年，江

[①] 某地区村庄平均劳动力资源规模计算方法为：该地区村庄农村劳动适龄人口（15～59岁的人口）总数除以该地区村庄数目。

苏省乡村人口仍基本以初中、小学学历为主，高中、大学学历人口以及文盲人口占比较少。从2010年到2020年，江苏省乡村人口大学学历人口占比明显上升，高中、小学学历人口略有上升，而初中学历、文盲人口明显下降（图1-1-20）。对比2010年与2020年江苏省全省与乡村的教育结构，可发现城乡大学学历的人口占比差距进一步拉大，而乡村文盲占比仅下降0.8%，明显落后全省平均水平（图1-1-21、图1-1-22）。

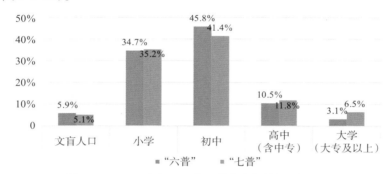

图1-1-20 2010年与2020年江苏省乡村教育结构对比

（数据来源：第六次、第七次全国人口普查）

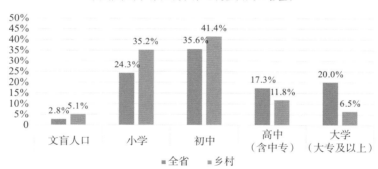

图1-1-21 2020年江苏省乡村与全省教育结构对比

（数据来源：第六次、第七次全国人口普查）

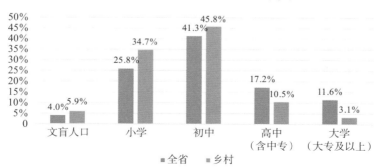

图1-1-22 2010年江苏省乡村与全省教育结构对比

（数据来源：第六次全国人口普查）

3）就业结构

（1）农民增收渠道拓宽，就近就业机会增多

近年来，在新发展理念引领下，江苏持续推进"产-村-人"融合发展，为村民创造了更多就近就业的机会。一方面，乡村旅游、电子商务等新经济的蓬勃发展为农民群众提供了更多的就业选择。除传统制造业、建筑业等行业乡村从业人员增长迅速外，第三产业中信息传输、软件和信息技术服务、住宿和餐饮等行业的乡村从业人员不断增加。结合乡村三产劳动力分布数据可以看到（图1-1-23），2021年信息传输、软件和信息技术服务从业人员占比0.9%，住宿和餐饮业从业人员占比2.8%，相较于2015年分别增长0.3、0.5个百分点。典型如连云港市韩口新型农村社区充分发挥村庄靠海优势，将传统的"渔网经济"与"互联网经济"相结合，不仅培育、签约了300余名本土网红进行直播带货，还带动其他村民从事农产品加工、特色农产品销售、电商与物流运输等行业，数字经济为村民就业拓展了新渠道。

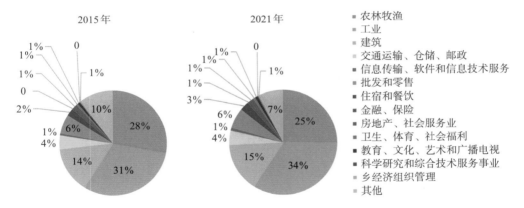

图1-1-23　2015年、2021年江苏省乡村从业人员分布

（数据来源：江苏省2016年、2022年统计年鉴）

另一方面，各地依托农房改善等工作，积极利用周边配套产业设施为村民提供工作岗位，增加村民收入，提升村民生活水平。2021年调研的苏北33个新型农村社区配套建设的产业项目共吸纳了3309位本村村民就业，产居融合的新型农村社区为村民创造了更多就近就业机会。典型如宿州市宿豫区，近年来大力发展来料加工、来样定做、来件装配和农产品加工等"三来一加"产业，在集中居住区建设"三来一加"厂房，为农民提供家门口就业机会。据统计，全区现有"三来一加"项目865个，吸纳超过1万名低收入农户实现家门口就业。

（2）从业人口行业分布集中，传统行业占比较高

乡村就业人口仍高度集中于第一、二产业，劳动生产效率有待提高。从2021年乡村就业人口行业分布情况看，主要集中在农林牧渔业、工业、建筑业这三大行业门类，合计占比高达74%；从职业分布情况来看，主要以农林牧渔业生产及辅助人员、生产制造及有关人员为主，合计占比达到68%[①]。这一特征在实地调研中进一步得到证实（图1-1-24），受访样本农户收入来源仍以传统种植、务工和土地流转为主。值得欣喜的是农家乐、乡村旅游、电商等第三产业就业开始展现出强劲的发展潜力。

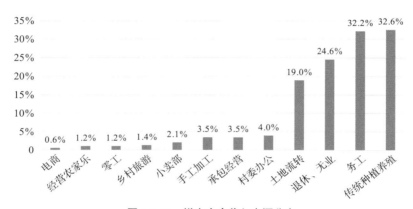

图1-1-24 样本农户收入来源分布

（数据来源：2021年苏北农房改善成效与农民意愿调查、2022年苏南苏中农村住房条件改善意愿和乡村现状调查样本自然村调查数据）

3.人口流动

1）外出务工人口

乡村居民外出务工现象依然显著，外出务工比例呈现由苏北向苏南依次递减的特征。根据2021年苏北地区农民群众住房条件改善调查、2022年苏南苏中农村住房条件改善意愿和乡村现状调查的样本农户问卷调查数据，乡村居民家中有成员外出务工情况的占比为45.7%，即将近一半的乡村家庭依然需要通过外出务工来维持家庭生计。从地区来看，苏北地区有外出务工人口的乡村家庭占比最高，苏中次之，苏南最少，占比分别为56.4%、43.3%、35.4%（图1-1-25）。苏北地区作为农

[①] 数据来源：江苏省第七次人口普查。

业人口较多的地区，劳务输出仍然是其主导发展模式。工业化与城镇化程度较高的苏南及苏中沿江地区，农村劳动力外流现象相对较轻。

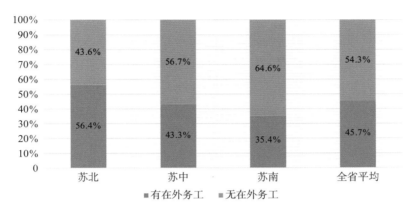

图1-1-25 2022年江苏乡村调查外出务工人口家庭占比

（数据来源：2021年苏北农房改善成效与农民意愿调查、2022年苏南苏中农村住房条件改善意愿和乡村现状调查样本农户调查数据）

十年间乡村外出务工人口家庭占比明显下降，但地区间差距进一步拉大。2012年江苏乡村调查中关于外出务工人口的调查结果显示，访谈村民家庭中有外出打工现象的比例为56.2%；2022年这一比例下降至45.7%，且苏北、苏中、苏南各地区乡村外出务工人口家庭占比均出现下降现象（图1-1-26）。然而地区间的发展差距进一步凸显，苏北、苏中、苏南三大地域农民外出务工率的差距进一步拉大，从2012的近乎持平转变为由北至南梯级递减。苏南地区乡村经济社会发展水平的快速提升使得就近就地甚至村内就业日益增多，农民外出务工率下降最为明显。而苏北地区下降幅度相对有限，在创造就业、降低劳动力外流方面仍有较大的提升空间。

图1-1-26 2012年与2022年苏北、苏中、苏南与全省乡村外出务工人口家庭占比

（数据来源：2012江苏乡村调查、2021年苏北农房改善成效与农民意愿调查、2022年苏南苏中农村住房条件改善意愿和乡村现状调查样本农户调查数据）

2）回乡创业就业人口

近年来随着美丽乡村、乡村振兴等战略的实施，乡村劳动人口外出务工的趋势有所减缓。江苏乡村在传统农业稳定发展的基础上，积极承接城市技术、资本与人才等要素的辐射，人口回流趋势已经显现，返乡创业就业人口占比持续升高。根据样本自然村的调查数据，有回乡创业就业人口的村庄占样本村总数量的约45.8%（图1-1-27）。在这类村庄中，平均返乡创业就业人口有19人，其中返乡务工人员为16人，创业人员为3人，平均带动本村就业21人。回乡创业就业人口总数占本次调研样本村庄户籍人口的1.78%（图1-1-28）。乡村人口回流，依托乡村特色资源进行创业已成为一种新趋势，不仅有效地缓解了乡村劳动力流失问题，还带动乡村产业发展，吸纳剩余劳动力。

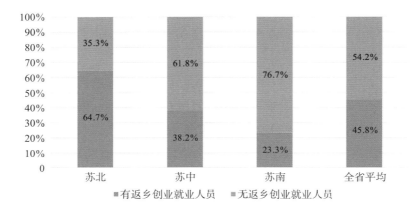

图1-1-27　各地区有返乡创业就业人员的村庄占比

（数据来源：2021年苏北农房改善成效与农民意愿调查、2022年苏南苏中农村住房条件改善意愿和乡村现状调查样本自然村调查数据）

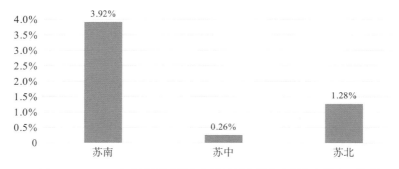

图1-1-28　2022年三大区域样本自然村返乡创业人员占户籍人口比重

（数据来源：2021年苏北农房改善成效与农民意愿调查、2022年苏南苏中农村住房条件改善意愿和乡村现状调查样本自然村调查数据）

返乡创业就业同样存在显著地域差异，苏北地区有回流现象的村庄占比较大，而苏南地区回流人数占比最高。从各地区有返乡创业就业人员的村庄占比来看，苏北、苏中、苏南分别为64.7%、38.2%、23.3%，苏北地区有返乡创业就业农民的村庄占比明显大于苏中、苏南地区，覆盖面更广。而从回流人数占比来看，苏南地区返乡创业人数占苏南地区样本乡村户籍人口的比重近4%，明显高于苏中、苏北地区，反映出苏南地区有返乡创业就业人员的村庄数量虽少但分布更集中。这一特征与江苏省域产业的发展阶段与梯度格局密切相关。一方面，苏南地区工业化、城镇化程度较高，人口资源等要素趋向城镇和少数优势村庄集中；另一方面，苏北地区尽管产业相对后发，人口资源等还处于流失状态，但相对较低的空间成本和生活成本使其具有一定比较优势，承接产业转移的潜力巨大，能够为面广量大的乡村外出人口提供返乡创业就业的机会。

在返乡创业人员的创业类型中，农业、服务业占比较高，其中服务业以乡村旅游和特色农产品销售为主（图1-1-29）。对比2012年江苏乡村调查的结果，返乡人员从事农业与服务业比重明显升高，从事工业比重略有降低，从事建筑业比例迅速降低。根据占比外出劳动力返乡创业的类型依次为农业、服务业、工业、建筑业，占比分别为36.59%、31.71%、21.95%、9.76%。这一比例的变化一定程度上反映了江苏乡村地区十年来的经济社会巨变。一方面，返乡人员普遍具有市场经济眼光与创业就业技能，为乡村服务业的发展奠定了人才基础；另一方面，走在全国乡村振兴前列的江苏乡村，十年间三次产业深度融合、联动发展，乡村工业化与农业现代化程度的不断提高，释放出更多劳动力从事田园观光度假、农事采摘体验、农产品加工销售等农文旅融合的新型服务业。

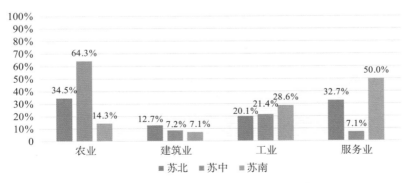

图1-1-29 苏北苏中苏南返乡人员创业就业类型

（数据来源：2021年苏北农房改善成效与农民意愿调查、2022年苏南苏中农村住房条件改善意愿和乡村现状调查样本自然村调查数据）

二、乡村人居环境变迁

（一）农民住房变迁

1.农房变迁的阶段

　　农房翻建主要受地区经济社会发展水平和政策管控影响。据2022年苏南苏中农房调查和2018年苏北农房调查的农户抽样统计数据显示，苏南苏中翻建农房的高峰期在1980—2000年左右，苏北地区翻建农房的高峰期则在2000年之后（图1-2-1）。近十年来受制于总体较为严格的农房翻建政策，农村住房变迁的强度低于改革开放前三十年。在许多村庄，多个建房年代、多种建造风格的农房共存，呈现住房面貌多元化的特征。典型如苏州市吴江区开弦弓村（即"江村"[①]），村庄沿河两岸排列着各式各样的民宅，从20世纪八九十年代建造的二层小楼，到21世纪初华丽的欧式别墅，再到当下流行的现代简约风格独栋，建筑形式、体量与立面风格、材质既是江苏乡村建造工艺和审美变迁的生动反映，也是经济社会发展水平的真实体现（图1-2-2）。

2.农房改善项目

　　近十年来，随着城镇化进程的持续推进，新型农村社区建设和农房改善项目的

[①] 我国著名社会学家、人类学家费孝通先生1936年到访太湖东南畔的开弦弓村，以开弦弓村的调查资料写作了《江村调查》，成为西方世界了解中国农村的一个重要窗口。江村也成为中国社会学、人类学实地调查的"圣地"，其长达八十余年的跟踪资料，为研究今日江苏乡村提供了宝贵的参考。

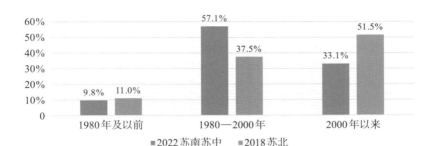

图1-2-1 江苏农房建造年代统计图（抽样调查）

（数据来源：2018年苏北地区农民群众住房条件现状调查①、2022年苏南苏中农村住房条件
改善意愿和乡村现状调查样本自然村调查数据）

图1-2-2 苏州市开弦弓村现状民宅面貌

（图片来源：课题组自摄）

实施，使得项目覆盖的农村住房面貌发生巨变，住房结构、功能与设施条件等均得
到显著提升。最为典型的就是苏北农房改善工程覆盖的乡村地区。2017年12月12
日，习近平总书记在江苏调研时指示："苏北是革命老区，为中国革命事业作出了

---

① 课题组对苏北地区农房开展过多次调查，其中，2018年调查侧重现状排摸，2021年调查侧重
已改善地区的农房改善情况和群众意见，此处基于真实反映江苏农房自然建造年代的目的，
故选用了2018年的苏北农房调查数据。

重要贡献，要大力支持苏北发展，让老区人民过上美好生活。"为贯彻落实总书记重要指示精神，从2018年至2021年，江苏省委、省政府将改善苏北地区农民住房条件作为实施乡村振兴的标志性工程，三年来逾三十万户苏北地区农民住房条件得到显著改善。

根据2021年开展的覆盖苏北五市33个涉农县市区的《苏北农房改善成效与农民意愿调查》，在农房结构方面，与改善前相比，砖木结构农房减少了约48%，砖混结构和框架结构分别增加了34.6%和17.3%；在抗震措施方面，设置构造柱、圈梁和采用现浇板的农房占比分别增加了14.3%和4.9%；在室内设施方面，84.6%的农房新增了水冲式厕所，63.0%的农房新增了通信网络，59.3%的农房新增了水电气入户等；在绿色节能方面，77.3%的改善农房采用了绿色节能措施，其中新型农村社区农房100%采用绿色节能措施。总体而言，改善后的苏北地区农民住房结构更加安全、抗震性能更高、户型功能和设施配套更加现代化，受访农户对农房改善工作总体满意度高达97.7%，其中迁入新型农村社区的农户满意度高达98.8%（图1-2-3）。

图1-2-3 典型苏北农户改善前后农房对比图

（图片来源：2021年苏北农房改善成效与农民意愿调查）

（二） 公共服务设施配置

1. 乡村教育医疗设施

　　教育医疗设施作为最基本的公共服务设施经过十年发展，城乡配置更为均衡，能够满足乡村居民日益增长的教育、医疗需求。在乡村教育设施方面，随着乡村人口持续向城镇迁移流动，适龄儿童数量普遍降低，同时收入水平较高的乡村居民也更倾向将子女送往师资力量更强、教育质量更高的镇区、县城幼儿园、小学就读，乡村家庭儿童入城、入镇上学的比例大幅提升，自然村教育设施设置率大幅下降。据调查，苏中、苏南地区自然村教育设施设置率只有10.47%，苏北地区在农房改善项目中也相应降低了村庄教育设施的配比（图1-2-4），部分新型农村社区配建的教育设施已经出现闲置现象。

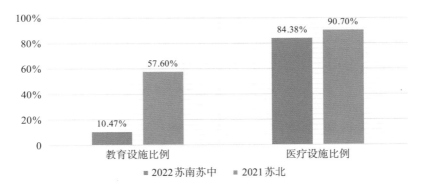

图1-2-4　样本自然村教育医疗设施比例

（数据来源：2022年苏南苏中农村住房条件改善意愿和乡村现状调查报告、2021年苏北农房改善成效与农民意愿调查）

　　乡村医疗设施方面，随着城乡医疗体系的进一步完善，基层医疗卫生机构的覆盖面和功能进一步扩大。据调查，苏南苏中地区样本村医疗设施覆盖率达84.38%，苏北地区90.70%的样本村配有村级医疗室（图1-2-4）。村级医疗机构一般在常见病、多发病诊治和转诊服务方面发挥重要作用，苏中苏南地区约32%的村民就医选择村卫生室，苏北地区村级医疗机构诊疗人数约占全县总诊疗人数的三分之一。

2.乡村养老设施

乡村养老设施覆盖度仍存在较大提升空间。据调查，苏中苏南地区样本自然村养老设施覆盖率为38.54%；苏北地区已改善村庄中只有11.8%的自然村建有乡村敬老院，其中新型农村社区、就地新建翻建村庄和其他村庄建有敬老院的比例分别为14.0%、6.3%和11.5%（图1-2-5），另有38.8%的自然村提供居家养老服务。面对日趋严重的乡村老龄化趋势，乡村养老设施和养老服务体系存在较大优化提升空间，基层政府的创新做法值得总结推广，例如，盐城市乡村地区普遍推行的"长者食堂"。

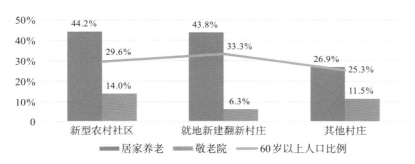

图1-2-5　苏北地区不同类型改善后村庄养老设施覆盖情况

（数据来源：2021年苏北农房改善成效与农民意愿调查）

3.乡村综合服务设施

十年来，乡村综合服务设施逐渐完善，村民物质与精神文化生活质量均有所提升。据调查，乡村文化体育设施、商贸设施覆盖率均显著提升，其中文化体育设施覆盖率从2012年的67.50%提升至88.20%（2021苏北），商贸设施覆盖率从2012年的44.70%提升至82.29%（2022苏南苏中）和100%（2021苏北）。随着乡村互联网普及率的大幅提升，乡村居民日常文娱休闲生活更为丰富，乡村生活便利性也大幅提升（图1-2-6）。

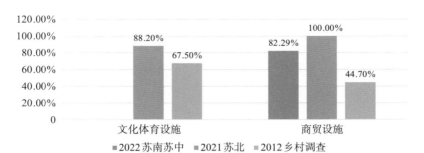

图1-2-6　样本自然村综合服务设施覆盖率调查情况

（数据来源：2022年苏南苏中农村住房条件改善意愿和乡村现状调查报告、2021年苏
北农房改善成效与农民意愿调查、2012年江苏乡村调查）

（三）**基础设施配置**

1. 乡村交通设施

　　十年间，乡村交通基础设施建设成效显著，苏南苏中地区城乡联系进一步增强。据调查，受访的苏南苏中地区1000户抽样村民中，95%的村民去往县城耗时在1小时以内，98%的村民去往镇区耗时在30分钟以内。与此同时，随着经济水平和路网密度的大幅提升，采用自驾方式出行的村民占比大幅提高，其中，在县村交通联系方面，约40%的村民采用自驾方式，单程耗时集中在20～40分钟（图1-2-7）；

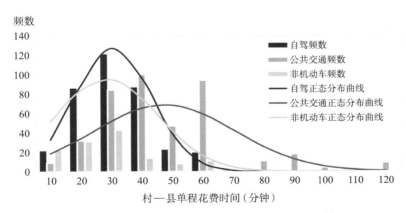

图1-2-7　2022年苏南苏中地区村民"村—县"交通情况

（数据来源：2022年苏南苏中农村住房条件改善意愿和乡村现状调查报告）

在镇村交通联系方面，约30%的村民采用自驾方式，单程耗时集中在5～10分钟（图1-2-8），出行便捷度和可达性较高。

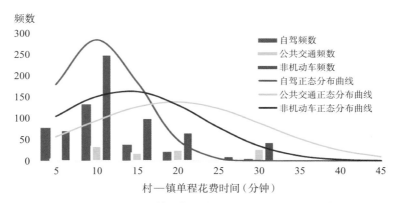

图1-2-8　2022年苏南苏中地区村民"村—镇"交通情况

（数据来源：2022年苏南苏中农村住房条件改善意愿和乡村现状调查报告）

苏北地区交通基础设施也大幅改善。近年来，随着苏北农房改善、黄河故道综合整治、新型农村社区建设等大项目的推进，道路交通基础设施建设水平得到有效提升，村民出行便利度进一步提高。据调查，2021年苏北样本自然村达户道路硬化率达到95.6%，较2012年（55.3%）提升约40个百分点，过往因泥土路、"坑洼路"所产生的出行不便问题已经得到彻底解决。在出行便捷性的基础上，部分乡村道路甚至成为景观路、"网红路"，有力地支撑了乡村农文旅融合项目的实施（图1-2-9）。

2. 乡村人居环境设施

持续推进的乡村人居环境建设使得设施覆盖率较十年前显著增长，主要设施覆盖水平已在省内实现均等。根据不同时间段多份调查报告的统计，苏南苏中苏北三大区域乡村供水、排污、道路、互联网等生活基础设施覆盖率较十年前均大幅提升。在自来水入户、道路硬化、污水处理设施、公厕、照明设施、垃圾转运、互联网等方面，苏北地区已经接近甚至超过苏南苏中地区水平（图1-2-10）。

苏北地区部分人居环境基础设施建设与苏南苏中地区还有差距。例如，苏北地区样本村燃气入户、垃圾分类设施覆盖率仍低于苏南苏中地区，基础设施维护配套资金有限，建设维护均存在困难。随着苏北地区住房改善、特色田园乡村建设等工程的推进，人居环境设施服务覆盖率和服务质量不断完善，苏北地区样本村的垃圾无害化处理设施覆盖率已由2018年的54.80%提升至2020年的88.86%，成效显著（图1-2-11）。

宿迁市周马村社区道路干净整洁

徐州市千秋集社区道路干净整洁

徐州市纪庄村道路改善前

徐州市纪庄村道路改善后

徐州市马庄村道路改善前

徐州市马庄村道路改善后

图1-2-9　苏北地区典型村庄道路改善前后对比

（图片来源：2021年苏北农房改善成效与农民意愿调查）

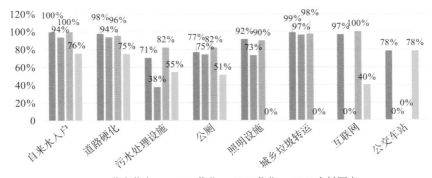

图1-2-10　样本自然村人居基础设施覆盖率调查情况

（数据来源：2022年苏南苏中农村住房条件改善意愿和乡村现状调查报告、
2018年&2021年苏北地区农民群众住房条件改善调查、2012年江苏乡村调查）

图1-2-11 样本村部分人居环境基础设施覆盖情况

（数据来源：左：村镇统计年报；右：2022年苏南苏中农村住房条件改善意愿和乡村现状调查报告、2021年苏北农房改善成效与农民意愿调查）

（四）村民人居环境评价

1.农村住房满意度

乡村居民整体住房满意度较高，其中，苏北地区的农房住房满意度最高，苏南地区相对较低（图1-2-12）。从样本农户问卷中可以看到，村民对目前房屋的总体满意度为79.1%。苏北地区农房满意度最高，为96.1%，仅有1.5%的农户认为现状农房很一般、0.7%的农户不满足于现状。这一高满意度反映出苏北地区农房改善工程的实施充分考虑了农民改建翻建住宅的意愿和想法，实施绩效较高。苏中地区村民的满意度为77.4%，与全省均值相当。苏南地区有约34.5%的受访村民认为目前农房使用状态一般或不满意。这一不满意很大程度上源于苏南地区很长一段时间较为严格的农房翻建政策和地理环境制约等使得乡村居民合理需求无法充分释放。同时也较为客观地反映出，随着经济社会水平的不断提高，苏南地区乡村住房已经无法满足乡村居民日益增长的住房需求。这一需求既包括住房本身的物质空间需求，也包括与住房紧密联系的审美、文化、公共交往等精神需求。

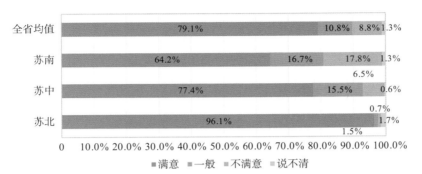

图1-2-12 苏北苏中苏南与全省农村住房满意度

（数据来源：2021年苏北农房改善成效与农民意愿调查、2022年苏南苏中农村住房条件改善意愿和乡村现状调查样本农户调查数据）

2.村庄环境满意度

乡村居民对村庄环境的总体满意度较高（图1-2-13）。据样本农户问卷调查结果显示，总体满意度达到88.1%，属于较高水平。苏北与苏中地区的环境满意度基本持平，分别为90.5%、89.0%，苏南地区农户的环境满意度相对稍低。苏南苏中地区均有近10%的农户认为环境一般，苏北地区有近5%的农户对村庄环境不满意，这一差异与十年来的村庄环境改善程度以及乡村经济社会发展水平高度相关。随着乡村整体经济社会发展水平的快速提升，需要充分考虑不同类型乡村居民群体的差异化、多样化需求。

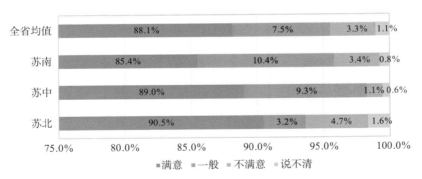

图1-2-13 苏北苏中苏南与全省村庄环境满意度

（数据来源：2021年苏北农房改善成效与农民意愿调查、2022年苏南苏中农村住房条件改善意愿和乡村现状调查样本农户调查数据）

三、乡村发展建设成效

 （一）乡村经济发展成效

1. 乡村集体经济

　　十年来，乡村集体经济不断壮大，脱贫攻坚成效显著。据调查，过去十年中集体经济收入较低的村庄数量占比显著减少，收入中等的村庄数量大幅增加（图1-3-1）。2021年集体经济收入低于50万元的村庄在总样本中的占比仅为20.0%，相较于2011年下降了近17个百分点；集体经济收入在100万～500万元的村庄在总样本中的占比为44%，相较于2011年上升超过17个百分点。"十三五"期间，全省821个省定经济薄弱村集体经济收入全部达到18万元以上，低收入村运转保障能力、自我发展能力、社区服务能力显著提升，集体经济良性发展机制基本形成。典型如原

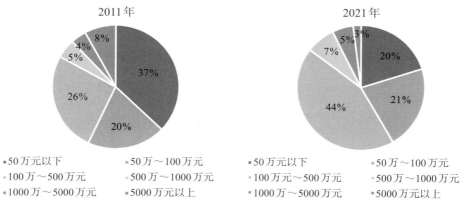

图1-3-1　2011年与2021年样本行政村集体经济收入区间对比（单位：元）

（数据来源：2012年江苏乡村调查、2021年苏北农房改善成效与农民意愿调查、2022年苏南苏中农村住房条件改善意愿和乡村现状调查样本农户调查数据）

省定经济薄弱村宿迁市宿豫区振友新型农村社区，以"荷藕+水产"为产业发展方向，结合特色田园乡村建设同步打造万亩荷藕产业基地，开发藕汁、藕粉等特色产品，集体经济收入由2018年的52万元增长至2021年110万元，低收入农户脱贫率和有劳动力户就业率均实现100%。

2.村民收入水平

十年来，乡村居民收入水平持续提升，城乡差距日趋减小。2011—2021年间，江苏省城乡居民人均可支配收入逐年上涨，乡村居民收入上涨幅度高于城镇（图1-3-2）。"十三五"以来，江苏省扎实推进农民收入十年倍增计划，大力发展富民产业，支持农民创新创业，健全集体收益分配机制，拓展工资性收入、经营性收入和财产性收入。根据样本行政村数据（图1-3-3），近十年低收入组（1万元以下）占比从27%下降至5%，高收入组（2万元以上）占比从7%上升至70%，一降一增

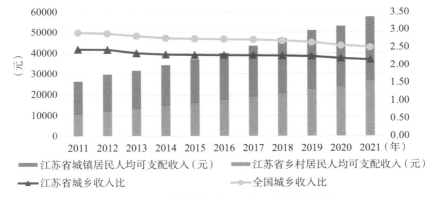

图1-3-2 江苏省城乡居民可支配收入历年变化

（数据来源：江苏省历年统计年鉴）

图1-3-3 2011年、2021年样本行政村村民人均纯收入区间对比（单位：元）

（数据来源：样本行政村调查数据）

清晰地呈现出江苏乡村居民收入水平的巨变。

随着乡村居民收入水平的提高，省域城乡收入差距不断减小，远低于全国平均水平。2021年全省城乡居民人均可支配收入比由2011年的2.44∶1缩小到2.16∶1，是全国城乡收入差距较小的地区之一。对比浙江省（1.94∶1）、上海市（2.14∶1）、北京市（2.45∶1）、广东省（2.46∶1）等经济发达省市，江苏省城乡居民收入分配较为均衡。乡村居民可支配收入来源日益多元化，包括工资性收入、经营净收入、财产性收入和转移性收入。2021年江苏省城镇居民四类收入比例为60∶13∶11∶16，乡村四类收入比例为57∶23∶5∶15，工资性收入和转移性收入的占比，城乡收入已经接近，乡村居民的经营净收入占比显著高于城市居民。得益于乡村劳动力非农就业率的提升，2021年城乡工资性收入比为1.98，相较于2011年下降0.37个百分点。随着国家脱贫攻坚力度的加大，尤其精准扶贫政策的实施，政府对农村地区特别是农村贫困地区的转移支出显著提高（图1-3-4）。2021年城乡居民的转移性收入比为1.93，相较于2011年的9.01大幅下降。工资性收入和转移性收入差距的持续减小，有力地推动了城乡收入差距的缩小。

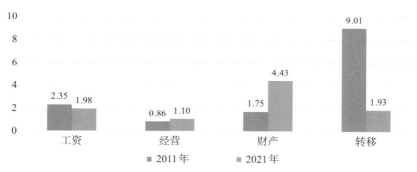

图1-3-4　2011年、2021年江苏省城乡居民四类收入比

（数据来源：2012年、2021年江苏省统计年鉴）

3.区域收入差距

十年来，省内三大地域乡村居民收入不平衡的状况有所改善，但整体格局保持稳定。2021年，江苏省乡村居民人均可支配收入依然呈现从苏南到苏北梯度降低的格局，与全省经济发展格局基本保持一致（图1-3-5）。但十年来苏南、苏中、苏北地区乡村居民人均可支配收入比已由1.68∶1.23∶1下降到1.60∶1.21∶1，三大地区收入差距呈现减小的趋势。近年来苏北地区大力实施的农房改善、特色田园乡村建设、高标准农田建设等工程,不仅着力于改善乡村居民的居住条件和人居环境质量,同时积极促进产业赋能、增强集体经济实力和农民收入,切实地为乡村群众创造了就业机会和致富新路。

十年来,省域城乡收入差距空间格局基本保持稳定,苏锡常与宿迁、徐州、盐城等市的城乡收入差距相对较小(图1-3-6)。对比城乡收入差距最大的南京、淮安

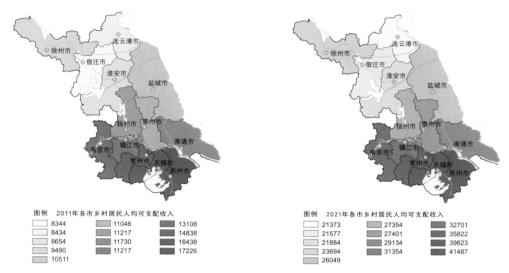

图1-3-5 2011年、2021年江苏省各市乡村居民可支配收入分布格局

(数据来源:江苏省2012年、2022年统计年鉴)

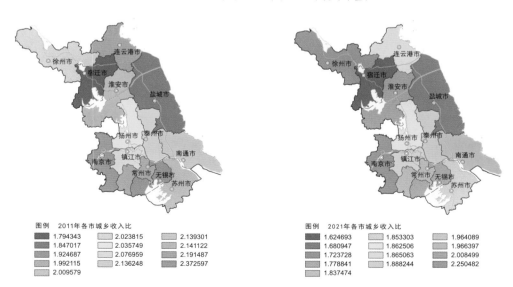

图1-3-6 2011年、2021年江苏省各市城乡收入比空间格局

(数据来源:江苏省2012年、2022年统计年鉴)

和最小的宿迁、盐城四个城市的四类收入可以看到，南京、淮安城乡经营净收入比和财产净收入比明显高于宿迁、盐城，而工资性收入比和转移净收入比差距不大（图1-3-7）。由此可见，区域间城乡收入差距主要源于经营性收入和财产净收入上的城乡差距。一方面，随着城镇投资、创业环境的持续改善，中小微企业的快速发展对城镇居民经营性收入的提升起到显著推动作用；另一方面，随着城镇化进程的推进，城市居民以住房为主的财产净收入持续攀升，而乡村资产性收入普遍来源少、价值低。因此，积极盘活乡村资产，促进乡村多元产业发展，增加乡村居民经营性收入和财产净收入是实现乡村振兴和共同富裕的必由之路。

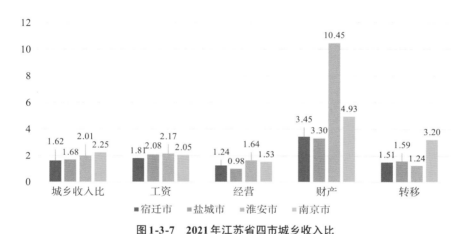

图1-3-7　2021年江苏省四市城乡收入比

（数据来源：江苏省2022年统计年鉴）

 **乡村风貌建设成效**

1. 特色田园乡村建设

2017年，江苏省创新实施特色田园乡村建设行动，在各地各部门的协同合作下，截至2023年12月，全省已建成752个省级特色田园乡村，实现了76个涉农县（市、区）全覆盖，成为江苏省推动乡村振兴战略的重要抓手和探索实施乡村建设行动的鲜活样本。经过特色田园乡村的创建，村庄风貌特色得到有序保护和充分彰显。典型如淮安市金湖县塔集镇荷花荡社区（图1-3-8），紧扣社区地处万亩荷荡的独特优势，采用新江淮建筑风格，通过改造、美化清水荷塘，形成江淮民居与荷塘月色交相辉映的灵动图景。该社区的房型设计为低层农房，面积以86平方米、133平方米、174平方米三种户型为主，可以满足三口之家、三代同堂等不同结构家庭的居住需求。

图1-3-8　淮安市金湖县塔集镇荷花荡社区

（图片来源："江苏乡村建设行动"微信公众号）

淮安市金湖县吕良镇孙集村湖畔旺屯社区（图1-3-9），基于"乡情、乡味、乡趣"的设计理念，以展示乡村生态风貌与民俗民风为出发点，联动孙集村湖畔旺屯省级农村住房示范点建设，完善杉荷里旅游景区道路、步道、标示系统、游客接待中心和停车场等配套设施建设。在提升景观、业态的同时，启动"孙集老街"民居建筑修缮工程，按照当地风格对民居建筑进行维护，挂牌保护银杏、水杉等名木古

图1-3-9　淮安市金湖县吕良镇孙集村湖畔旺屯社区

（图片来源："江苏乡村建设行动"微信公众号）

树，营造出一个极具苏北水乡特色、集现代农业观光、民风民俗体验、历史文化探寻、自然景观游览一体的乡村聚落。

特色田园乡村建设同时推动了乡村建设与生态保护协调发展的格局。特色田园乡村倡导绿色设计，尊重乡村与自然的有机联系，保护乡村的自然生态基底，促进实现"山水林田人居"和谐共生的格局。典型如徐州市睢宁县王集镇洪山村（图1-3-10），2018年开始启动特色田园乡村建设，充分利用黄河故道自然景观与鲤鱼泉、鲤鱼山水系，连塘成溪，形成山、水、林、庄多层次风光相映相辉的水环境体系。积极营销鲤鱼山、风虎山、黄河故道等区域名片，完善旅游服务生态链，推动具有黄河农耕文化特色的村庄建设。不断充实"花果小镇"的产业定位，以万亩梨园、桃园、板栗园、花生园为主体，形成各具特色的农事板块。

图1-3-10　徐州市睢宁县王集镇洪山村

（图片来源："江苏乡村建设行动"微信公众号）

徐州市丰县大沙河镇二坝村（图1-3-11），地处丰县、萧县、砀山三县交会处，黄河故道大沙河国家湿地公园核心区域。因倚靠故黄河明大堤第二道堤坝，得名"二坝村"，是黄河故道源头"江苏第一村"。二坝村围绕"古黄明珠，梨园逸居"的主题定位，大力推进生态修复、环境整治以及优质果品示范园的建设，已建成杉林荷塘、湿地花海、景观小品、游船码头等景观，形成了自然风光与乡土空间交织，"黄河故道、农人果园，烟波渔舟、蛙声虫鸣，苇荡荷塘、水郭村居"的田园诗画。

基于特色田园乡村建设的显著成效，江苏进一步提出特色田园乡村示范区建设构想，旨在全面推动江苏乡村的特色可持续发展。2020年12月，《江苏省特色田园乡村建设管理办法（试行）》提出支持特色田园乡村数量较多、空间分布相对集中

图1-3-11 徐州市丰县大沙河镇二坝村

(图片来源："江苏乡村建设行动"微信公众号)

的县（市、区），开展特色田园乡村示范区建设。2023年1月，省农村住房条件改善和特色田园乡村建设工作联席会办公室发布《江苏省特色田园乡村示范区建设指南》，特色田园乡村建设开始进入"串点成线、连线成面"的新阶段。

2.传统村落保护

近年来江苏省深入贯彻落实习近平总书记关于传统村落保护发展的重要指示精神，认真组织开展传统村落摸底调查，积极推动乡村历史文化遗产的保护和发展。在系列务实行动下，江苏已有79个村列入中国传统村落保护名录，苏州市吴中区、宜兴市相继入选国家传统村落集中连片保护利用示范县。截至2023年2月，江苏省公布命名了502个省级传统村落和376组传统建筑组群，实现了76个涉农县（市、区）传统村落全覆盖。2023年7月，住房和城乡建设部公布的《传统村落保护利用可复制经验清单（第一批）》中，江苏省在完善传统村落保护利用法规政策、传承发展优秀传统文化等方面的经验入选，江苏在传统村落保护方面的工作实效得到充分肯定。

江苏省坚持传统村落保护发展与特色田园乡村建设并行。通过历史环境要素修复、基础设施完善、公共服务设施配套改善等手段，持续推动传统村落的保护水平与人居环境品质共同提升，建成一批既保留传统风貌和文化传承，又兼具现代生活条件的宜居宜业和美乡村（图1-3-12～图1-3-14）。

图1-3-12　省级传统村落：南京市溧水区永阳街道秋湖村南庄头自然村

（图片来源："江苏乡村建设行动"微信公众号）

图1-3-13　省级传统村落：无锡市锡山区羊尖镇严家桥村西三家自然村

（图片来源："江苏乡村建设行动"微信公众号）

图1-3-14　昆山市周庄镇祁浜村寒贞自然村

（图片来源："江苏乡村建设行动"微信公众号）

为进一步贯彻落实习近平总书记关于传统村落保护的指示，加大省级传统村落保护发展力度，2023年7月，江苏省住房和城乡建设厅启动省级传统村落集中连片保护利用示范申报工作，要求在全省范围内以县（市、区）级为单位开展传统村落集中连片保护利用示范，在传统保护、乡村宜居、提升活力、机制创新等方面进一步升级，推动传统村落保护的长期可持续发展。

苏州市吴中区在传统村落保护方面成效显著。新增市级村镇传统建筑（组群）53组，碧螺春茶叶制作技艺入选联合国教科文组织的人类非物质文化遗产代表作名录；完成吴中"非遗"数字平台建设，实施传统建筑修缮、古驿道修缮，完成5.54公里太湖岸线和沿湖湿地带修复（图1-3-15）。在乡村宜居方面，编制传统建筑宜居化导则暨农房户型图集（图1-3-16），完成传统村落的基础设施提升，道路、

图1-3-15 太湖沿线湿地修复成效

（图片来源："江苏乡村建设行动"微信公众号）

南立面图 1:100　　北立面图 1:100　　东立面图 1:100

西立面图 1:100　　1-1剖面图 1:100

图1-3-16 苏州市吴中区传统村落建筑宜居化导则中的户型引导示意图

（图片来源："江苏乡村建设行动"微信公众号）

输水供水管网改造等，完成全国最长的单条智能网联道路建设，和区域智能网联云控平台建设（图1-3-17）。在乡村活力方面，积极推进洞庭山碧螺春茶、东山白沙枇杷、西山青种枇杷等特色农产品品牌建设，初步形成陆巷、三山岛、明月湾等多个民宿集聚区，举办苏州"环太湖1号公路"马拉松、"中国杯"国际定向越野巡回赛等大型赛事活动。在机制创新方面，拓展新媒体平台（抖音、微信、微博、小红书等）营销，打造品牌影响力，发布专项资金管理办法、资金使用细则、农房建设管理办法等具体管理细则，联动高校开展吴中区传统村落集中连片保护利用圆桌论坛以及研学活动，引导工商资本、国企、乡贤等通过投资、合作等方式参与保护工作，引入业态近百家，吸引社会资本投入约1.5亿元。

图1-3-17　苏州市吴中区智能网联云控平台

（图片来源："江苏乡村建设行动"微信公众号）

（三）问题、短板与挑战

1. 乡村人口收缩问题

随着城市化战略与三大都市圈建设的有效实施，江苏省域人口向都市圈、中心城市集聚的特征十分明显。"七普"调查数据显示，江苏省城镇化率已达到73.44%，接近发达国家城镇化水平。与此同时，乡村地区人口规模持续下降，尤其都市圈以外区域乡村人口外流和老龄化现象持续加剧。近十年间，江苏省乡村人口总数从3003.5万下降至2216.5万，下降近787万，同时乡村60岁以上老年人口占比超过30%，已达重度老龄化阶段。对比华东地区各省的乡村老龄化率，江苏省乡村地区60岁和65岁以上老年人口占比均为最高，老龄化问题突出。面对严峻的乡村人口流失和结构性活力不足问题，进一步提高城镇化率已经不是江苏未来城乡高质量发展的重点，如何推动城乡融合、优化人口结构才是直面收缩过程中最大的挑战（图1-3-18）。

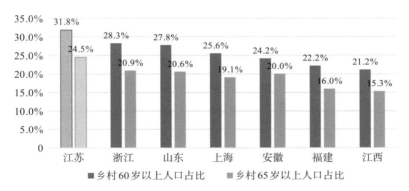

图1-3-18　华东地区各省（直辖市）乡村人口老龄化率对比
（数据来源："七普"人口数据）

在乡村普遍收缩的背景下，大量特色田园乡村和规划发展村庄经过持续的建设和运营，开始出现常住人口回流和不减反增的现象。乡村产业振兴和村庄环境美化同步推进，正不断增强乡村对城镇人口的吸引力，相关成功经验和做法值得进一步提炼和推广。以苏中地区兴化市为例，统计其16个省级特色田园乡村2015年至2022年的常住人口增减情况，其中超过一半的村人口实现正增长，一定程度上反映出此类乡村的发展活力和对"城乡两栖人口"的吸附能力，为收缩地区的乡村发展提供了可借鉴的路径。

2. 区域发展不均衡问题

江苏省域长期存在的区域经济社会发展不平衡格局仍深刻影响着苏南、苏中、苏北三大地区的乡村发展。乡村居民人均可支配收入依然保持从苏南到苏北梯度降低的趋势，整体格局与十年前基本一致，区域收入差距缩小速度较为缓慢。根据样本村调查数据，苏北地区村庄适龄劳动力规模最大，外出务工比例最高，超过一半的家庭仍然需要选择外出务工来维持家庭生计。与此同时，作为全省的"粮仓"，苏北地区乡村农业从业人员占比仍远超过苏南苏中地区。近年来，随着乡村电商的蓬勃发展和区域产业转移，苏北地区涌现出"沭阳模式""沙集模式"等知名乡村发展典型，但苏北地区乡村总体产业结构和发展活力仍与苏南、苏中存在较大差距。如何进一步挖掘苏北乡村地区发展潜能、缩小经济社会发展差距，仍是长期面临的挑战。

江苏省是全国城乡收入差距最小的地区之一，十年间城乡居民人均可支配收入比由2011年的2.44：1缩小到2021年的2.16：1。与经济发达地区横向对比，2021年江苏省城乡收入差距低于广东省（2.46：1）、北京市（2.45：1），略高于浙江省（1.94：1）、上海市（2.14：1）。近年来，通过特色田园乡村建设、苏北农房改善等大型乡村振兴项目的实施，江苏已经积累了一批宝贵的乡村发展和治理经验，可以在积极学习浙江省"千万工程"建设经验的基础上，进一步探索城乡共同富裕的江苏道路。

3.农村住房综合改善问题

全域农村住房综合改善工作面临多种复杂问题，急需探索更多创新做法。江苏省大力推进的全域农房改善工作不仅关注农民居住条件的提升，更关注乡村人居环境的全面更新，是一项重要的民生工程。历时三年已完成的苏北农房改善工作切实改善了苏北地区农村住房条件，提升了村庄环境，积累了一批宝贵的工作经验，对城乡关系重塑和乡村振兴产生了不可估量的综合效应。从苏北到全省，推进全域农村住房综合改善困难更多、挑战更大。由于种种历史原因和客观条件的制约，农村住房改善面临用地紧张、规划制约、财政资金不足、区域差异较大等多种复杂问题。与此同时，随着乡村经济社会水平的不断提高，村民对住房的功能和审美诉求日益多元化，农房改善工作急需探索更多创新做法，以精准回应多元村民主体的个性化需求。

一方面，应客观评估省域空间差异，尊重地方意愿，因地制宜地做好农房改善制度设计。对于经济发展水平不足、人口流失严重的欠发达地区乡村，未来人口回流的可能性较小，老龄化和重度空心化趋势明显，应积极引导农村人口向城镇集中并配套切实可行的宅基地有偿退出机制。对于经济发展水平较高，人口双向流动趋势明显的发达地区乡村或城市近郊乡村，村民对住房的改善意愿强烈，应积极完善规划管控引导机制，适度放权支持农房翻建，回应本地居民"城乡双栖"的居住需求，推动近郊乡村在城乡融合进程中发挥更大作用。

另一方面，面对当前农房改善工作过程中存在的诸多具体问题，应在坚持"农民主体"的基础上，加大改革创新的力度。实际上，各地通过创新试点，已经积累了一批具有推广价值的做法和经验。进一步工作应继续鼓励多方试点，积极探索诸如农户自愿有偿退出宅基地、村集体盘活"空关房"、空间条件受限的村庄"异地翻建"等创新方法，调动农民自发改善住房的积极性、主动性和创造性，及时回应农民自我更新住房的合理诉求，多部门协作，共同推进省域农房改善工作高质量完成。

四、面向中国式现代化的江苏乡村建设

 中国式现代化乡村建设的内涵和目的

1. 乡村现代化的一般范式与基本特征

乡村现代化的一般范式假定社会演化具有平行线性特征，即所有社会都会沿着同样的基本路径，从非理性、技术落后的传统社会，通过技术革新、生产与消费形态升级、社会政治结构和文化改进，演化成现代、理性和技术发达的社会[①]。在这一范式下，不同国家、不同社会的乡村现代化发展道路，应当具有基本类似的作用过程和特征：一是农业现代化，指由传统农业转变为现代农业，使用现代科学技术和现代工业来装备农业，用现代经济科学来管理农业，包括农业的机械化、规模化、专业化和化学化；二是经济现代化，即农村产业从单纯依赖农业向多种现代产业转变，如农产品加工业、制造业、服务业甚至高科技产业[②]；三是人居环境现代化，包括农村基础设施（供水、供电、道路、互联网、排污等）和农村住房的现代化；四是社会现代化，指乡村传统社会的封建迷信等糟粕文化被现代理性、学校教育和社会解放取代[③]，乡村治理向现代化治理模式转型，村民向高素质现代公民转变。

这一基于西方发达国家社会发展经验的乡村现代化范式总结具有一定规律性和

① Woods M. Rural. London and New York：Routledge，2011.

② 房艳刚，刘继生. 基于多功能理论的中国乡村发展多元化探讨：超越"现代化"发展范式 [J]. 地理学报，2015，70（2）：257-270.

③ Murton J. Creating a Modern Countryside：Liberalism and Land Resettlement in British Columbia[M]. Vancouver：University of British Columbia Press，2007.

普遍性，然而并非普世规律和标准。作为人类历史迄今规模最大的城镇化进程，中国的道路从来不是西方先发国家历程的简单复制，也绝非既有的以先发国家经验为基础的城镇化理论的再次验证。中国的城镇化进程是拥有巨大人口与空间规模的悠久文明进行现代化转型的伟大实践。尤其在城镇化率突破50%以后的下半程，巨大的不确定性和重重挑战必将塑造前所未有的场景。以移动互联网、人工智能、虚拟现实等为代表的科技创新所推动的第四次工业革命方兴未艾[1]，以国内大循环为主体、国内国际双循环相互促进的新发展格局业已开启，面对这样一个高度复杂且无任何经验可循的时代，面向中国式现代化的城镇化道路选择和乡村建设路径研究尤为重要。

2. 中国乡村现代化的基本历程与问题

虽然早在20世纪二三十年代就已出现多种模式的乡村建设和乡村现代化尝试，但真正的全面乡村现代化实践是从中华人民共和国成立后开始的。

（1）农业集体化与家庭联产承包责任制

乡村现代化的早期实践是农村人民公社制度主导下的农业集体化，虽然这一模仿苏联、东欧等社会主义国家的制度安排引发了严重的社会经济问题，但这一时期所进行的大量水利、道路等基础设施建设，客观上为农业、农村的发展奠定了重要基础[2]。改革开放后中国的乡村现代化道路发生关键转变，首先是1982年家庭联产承包责任制在全国范围的推广实施，极大地调动了农民的种粮积极性，粮食产量快速增长，到1989年粮食总产量达到4亿吨左右，全国老百姓的温饱问题基本解决[3]。然而，由于中国人多地少，绝大多数农民都属于传统小农，完全依靠土地的农业产出无法进一步实现农民增收，家庭联产承包责任制释放出来的大量农村剩余劳动力迫切需要转换到非农产业中以获取更多收入。

（2）乡村工业化和自下而上城镇化

20世纪80年代初至20世纪90年代中后期，乡镇企业的"异军突起"开启了乡村工业化和自下而上城镇化道路的探索，乡村社会经济迅速发展，新发展模式不断

---

① 施瓦布. 第四次工业革命 [M]. 李菁，译. 北京：中信出版社，2016.

② 王朝新. 中国农村水利基础设施建设与制度创新研究 [D]. 武汉：武汉大学，2011.

③ 黄少安. 改革开放40年中国农村发展战略的阶段性演变及其理论总结 [J]. 经济研究，2018，53（12）：4-19.

涌现。大部分乡镇企业肇始于改革开放之后，1984—1988年发展迅速，1989年以后进入相对规范有序阶段，并成为国家工业化的战略组成部分[①]。费孝通先生认为，乡村工业化是迫于中国乡村人多地少的压力而自然形成的内生发展路径，"离土不离乡的遍地开花的社队小工厂[②]，根植于农工相辅的历史传统"[③]。随着乡镇企业蓬勃发展，全国各地涌现出多种乡镇经济发展模式，最为典型并影响深远的就是"苏南模式""温州模式"和"珠三角模式"等[④]。

20世纪90年代后期，随着社会主义市场经济体系的逐步确立，城市经济改革全面展开，乡镇企业的比较优势逐渐丧失。生产要素短缺、技术水平落后、管理制度不完善、规模效益不足等问题逐渐暴露，加之各种外部环境制约，大量乡镇企业走向衰落，逐渐退出历史舞台。然而乡镇企业推动的乡村工业化和自下而上城镇化探索意义深远，它不仅改变了农民和农村的面貌，吸引大量农村剩余劳动力向小城镇集聚，同时为乡村和小城镇留下雄厚的产业基础、社会资本和技术遗产[⑤]，是中国乡村现代化进程中浓墨重彩的一笔，尤其在以江苏为代表的沿海发达地区，其影响至今仍十分显著。

（3）农民工大规模外出务工引发的链式反应

随着城市经济改革的全面展开，大城市尤其是区域中心城市的经济吸引力相对乡镇日益形成绝对优势，"离土又离乡"的农民工数量大大超过乡镇企业所能吸纳的劳动力数量，进城打工迅速成为农村剩余劳动力转移的主渠道[⑥]。这一格局迄今仍在延续，2022年我国农民工总量为29562万人（其中外出农民工17190万人），外出农民工约占乡村常住总人口的35%[⑦]。农民长期大规模外出务工的模式以人口外

---

① 黄少安.改革开放40年中国农村发展战略的阶段性演变及其理论总结[J].经济研究, 2018, 53（12）: 4-19.

② 从1958年人民公社成立到1983年底，中国的乡村工业一般称为"社队工业"。从1984年开始，国家统计部门把原来的"社队工业"改称为"乡镇企业"。

③ 费孝通.小城镇 大问题[M].//费孝通.行行重行行：乡镇发展论述.银川：宁夏人民出版社, 1992.

④ 费孝通.谈谈《城乡协调发展》[M].//费孝通.行行重行行：乡镇发展论述.银川：宁夏人民出版社, 1992.

⑤ 马晓河，刘振中，钟钰.农村改革40年：影响中国经济社会发展的五大事件[J].中国人民大学学报, 2018, 32（3）: 2-15.

⑥ 李培林.流动民工的社会网络和社会地位[J].社会学研究, 1996（4）: 42-52.

⑦ 国家统计局.中华人民共和国2022年国民经济和社会发展统计公报[R]. 2023年2月28日.

流、工资回流、"两栖居住"等为主要特征，引起乡村现代化进程中一系列链式反应。一方面，难以在城市立足进而完成市民化的农民工，将务工收入主要用于乡村住房的翻建，促进了乡村住房的现代化和部分基础设施的改善；另一方面，大量中青年劳动力进城务工，导致乡村老龄化和空心化现象加剧，留守儿童的教育和心理健康问题长期存在，同时农地撂荒、农业粗放化经营趋势显著，一定程度上影响粮食安全[①]。

（4）"三农"统筹、城乡统筹与新农村建设

2003—2012年，在"三农"统筹、城乡统筹与新农村建设战略的引导下，乡村物质空间环境和社会治理取得了长足进步。2005年12月29日，中央人民政府发布第四十六号主席令，宣布自2006年1月1日起废止农业税，自此中国废止了实施两千多年的农业税，将农民从土地税负中解放出来。"三农"统筹和城乡统筹战略的确立促进了城乡户籍制度、医疗卫生制度的改革和完善，提高了农村义务教育的水平，有效推动了乡村综合服务设施现代化。党的十七大进一步提出"统筹城乡发展，推进社会主义新农村建设"。新农村建设的具体内容（如村改居、农房改造等）与"小城镇"建设战略具有一定连续性，体现了不同阶段的工作重点。新农村建设的总要求包括"生产发展、生活宽裕、乡风文明、村容整洁、管理民主"，从不同方面服务于乡村现代化。重点改变乡村的物质景观和空间，提升村容村貌，改善乡村卫生状况，完善生产生活基础设施，例如乡村"三通""四通"甚至"五通"得到有效推进。

（5）乡村振兴战略推动多样乡村现代化

乡村工作始终是党和国家关注的重点，尤其党的十九大明确提出"乡村振兴战略"以来，推进新型城镇化和实施脱贫攻坚都有机地与"乡村振兴战略"的实施紧密结合。城乡融合与一体化发展成为当前中国乡村发展和振兴的主流趋势[②]。一方面，乡村耕地流转和规模化经营已较大范围地展开，"公司+农民合作社+农户"成为乡村产业融合发展的一种普遍形式。另一方面，随着移动通信网络的全域覆盖和乡村交通基础设施建设水平的大幅提升，休闲旅游、度假康养、农村电商等多种经济形式日益活跃，成为新时期推动乡村现代化的重要动力。新时期的乡村现代化路

---

① 陈锡文，赵阳，陈剑波，等.中国农村制度变迁60年[M].北京：人民出版社，2009.

② 李培林.乡村振兴与中国式现代化：内生动力和路径选择[J].社会学研究，2023，38（6）：1-17；226.

径，基于中国乡村在资源禀赋、地理区位、经济需求、劳动力供应和基础设施水平等各方面的差异，日益呈现出更为多元化和在地化的特征。

乡村现代化发展至今成就巨大，面临的问题更加多元。乡村旅游、农村电商等非农产业发展势头良好、带动就业明显，但此类产业的地域集聚特征十分显著，主要集聚在东南沿海发达地区、大城市近郊以及主要旅游目的地周边。大量的普通乡村仍然缺乏产业内生力量，农产品附加值偏低，务农收入无法覆盖乡村家庭日常开支，大规模农民外出务工现象长期持续，乡村社会治理由于人口外流而日益脆弱，乡村空心化和老龄化现象基本无法逆转。

回顾中国乡村现代化的主要历程，与西方乡村现代化范式有相通之处，但基本无法直接套用西方发达国家乡村发展经验来指导中国乡村的未来实践。一方面是农业人口基数、国情制度、地理禀赋等各方面因素的巨大差异，另一方面是西方乡村现代化后仍出现无法回避的经济、社会和环境问题，例如，现代农业污染环境和规模化养殖带来的动物伦理问题[1]、乡村就业减少[2]、乡村人口逐年降低[3]导致公共服务水平恶化等。显然，发达国家乡村的发展模式、现代化道路值得借鉴，但中国乡村必须探索符合中国国情的现代化路径[4]。

3. 中国式现代化乡村建设的目标和内涵

中国式现代化离不开农业农村现代化，离不开乡村的全面振兴，"乡村振兴""三农"现代化和整个国家的现代化高度统一。党的二十大报告强调，"全面建设社会主义现代化国家，最艰巨、最繁重的任务仍在乡村"。中央对于中国式现代化实现阶段的部署，与"三农"现代化、乡村全面振兴实现的时间阶段完全同步。第一个阶段，到2035年基本实现社会主义现代化，同步基本实现农业农村现代化；第二个阶段，到本世纪中叶全面建成社会主义现代化强国，同步2050年全面实现乡村振兴。这一阶段安排明显不同于许多发达国家在现代化发展中后期才逐渐启动乡村振兴行动，中国将乡村振兴始终置于现代化建设的核心，将其视作中国式现代

---

[1] Woodhouse P. Beyond industrial agriculture? Some questions about farm size, productivity and sustainability[J]. Journal of Agrarian Change, 2010, 10(3): 437-453.

[2] Woods M. Rural Geography[M]. London: SAGE Publications, 2005.

[3] World Bank. World Development Indicators 2007[R]. Washington DC: World Bank, 2007.

[4] 温铁军. 我国为什么不能实行农村土地私有化[J]. 红旗文稿, 2009(2): 15-17.

化不可或缺的板块，高度契合工业化、城镇化与城乡关系演变的规律 [1]。

作为全面现代化的有机组成部分，乡村现代化建设的目标和内涵与中国式现代化的目标和内涵高度一致，是中国式现代化理论在乡村中的具体化和实践。

第一，中国式现代化是人口规模巨大的现代化，工作的重点和难点就在乡村，因此，乡村现代化建设必须是"以人为中心"的现代化。当前，我国大城市即使按照西方标准，现代化程度也达到甚至高于一般发达国家水平，"人口规模巨大的现代化"所蕴含的人口压力更多地体现在农村人口的现代化 [2]，农民现代化是乡村现代化的关键。

第二，中国式现代化是全体人民共同富裕的现代化，工作的重点和难点更是集中在农民群体和外出务工的农民工群体。农民增收是乡村现代化建设的重要目标。进一步缩小城乡差距和区域差距，让乡村不仅是劳动力的"蓄水池"，更能成为生活富裕、安居乐业的新载体，是乡村现代化的最终目的。

第三，中国式现代化是物质文明和精神文明相协调的现代化，要求乡村文化建设与时俱进。一方面，以农民为主体的乡土社会文化需融入现代文明的浪潮中；另一方面，多元主体所带来的文化影响需融入乡村文化体系，与原生乡土文化和谐共处，共同促成组织有力、乡风文明、治理有效的乡村社会。

第四，中国式现代化是人与自然和谐共生的现代化，要求乡村现代化全面贯彻"两山"理念，充分发挥乡村的生态涵养功能，为城乡人口提供理想的栖居空间。通过乡村生态空间维育为城市生态系统提供环境负熵流，通过乡村聚落空间重塑为城乡人口提供绿色生态宜居空间，是乡村在保障农业生产、粮食安全基础上的两大重要功能 [3]。中国式乡村现代化建设要求恪守生态红线，突出地域特色，形成人与自然和谐共生、生态生活生产"三生合一"的绿色田园乡村。

---

① 郭晓鸣，张克俊，虞洪，等.实施乡村振兴战略的系统认识与道路选择 [J].农村经济，2018（1）：11-20.

② 温铁军.农民现代化是中国式现代化的关键 [J].中国合作经济，2023（2）：37-40.

③ 房艳刚，刘继生.基于多功能理论的中国乡村发展多元化探讨：超越"现代化"发展范式 [J].地理学报，2015，70（2）：257-270.

面向中国式现代化的江苏乡村建设新要求

1.以产业振兴实现乡村共同富裕

"产业兴旺，是解决农村一切问题的前提。"[1]无论是新农村建设还是乡村振兴，第一位的任务都是发展生产力、夯实经济基础。产业振兴要求在进一步提高农业综合生产能力的基础上，拓展乡村生产力发展的视野，全面振兴乡村二、三产业，促进"三产"融合发展，加快农村产业结构转型升级，推进构建更具市场竞争力且能持续发展的现代化产业体系。江苏是农业大省，以占全国3.2%的耕地，生产全国5.5%的粮食，实现了人口密度最大省份"口粮自给、略有盈余"[2]。根据江苏省委、省政府2023年7月印发的《高水平建设农业强省行动方案》，江苏力争2030年在全国率先基本实现农业现代化，农村基本具备现代生活条件；2035年农业现代化与新型工业化、信息化、城镇化达到基本同步。

江苏的乡村工业化进程起步较早，"苏南模式"是家喻户晓的知名区域经济发展模式，然而经过多年的发展，江苏省域经济社会发展不平衡的格局仍未打破，苏北、苏中地区乡村产业结构和发展活力与苏南地区依然存在较大差距。面向中国式现代化的江苏乡村产业振兴，必须进一步挖掘苏北、苏中乡村地区的发展潜能，探索集聚与收缩并存的产业发展路径，形成更符合地方实际同时更具地域特色的产业发展新模式，缩小区域差距，迈向共同富裕。

2.以人才振兴推动高质量发展

乡村人才的匮乏一直是影响和制约"三农"发展的瓶颈。人才总量不足、素质不高、结构不优等问题已经成为制约乡村振兴战略落实的巨大障碍。乡村振兴人才的需求类型主要包括高素质农民（新型职业农民）、农村创业带头人、专业技术人才以及覆盖教育、卫生、科技、文化、社会工作、精神文明建设等领域的基层一线

① 习近平.把乡村振兴战略作为新时代"三农"工作总抓手[J].社会主义论坛，2019（7）：4-6.
② 颜颖，陈旸.高水平建设农业强省，江苏亮出"施工图"[N].新华日报，2023-07-20（4）.

服务人才等。近年来，江苏乡村在农业稳定发展的基础上，积极承接城市技术、资本与人才等要素的辐射，人口回流趋势已经显现，返乡创业就业人口占比持续升高。尤其随着互联网新经济的蓬勃发展，以乡村旅游、电子商务为代表的新兴产业在乡村迅速扩散、持续发展，开始吸引各类人才返乡、下乡创业，形成了乡村振兴人才队伍不断壮大的良好局面。

面向中国式现代化的江苏乡村高质量发展，必须全面实施高素质农民培育计划，大力发展面向乡村振兴的职业人才教育，放宽符合一定条件的返乡就业创业人员在落户、税收、经营条件等方面的限制，完善城市专业技术人才定期服务乡村的激励机制，切实鼓励更多城市人才投身乡村振兴事业。

3.以文化振兴丰富人民精神世界

乡村文化的有机重塑是乡村振兴的重要内容和有力保障。在城镇化、市场化和现代化进程中，乡村文化始终面临着城市文化的全面冲击，一度呈现出衰落之势。然而，随着现代性负面效应的不断凸显，人们对传统乡村的追忆愈加深切，回归乡村、回归田园的文化诉求日益强烈，乡村文化振兴无疑是对时代思潮的积极响应。国家乡村振兴战略明确指出，必须坚持物质文明和精神文明一起抓，提升农民精神风貌，培育文明乡风、良好家风、淳朴民风，不断提高乡村社会文明程度。江苏的乡村建设工作始终将精神文明建设置于重要地位。2017年启动的江苏省特色田园乡村建设行动，在推动乡村物质空间环境建设的同时，重点强调乡村特色文化的挖掘、保护和传承。2018—2021年实施的苏北地区农民住房改善工程，在完成覆盖30万户农房改善目标的同时，建成了一批既保留传统风貌、传承传统文化，又兼具现代生活条件的宜居宜业和美乡村。

面向中国式现代化的江苏乡村文化建设，一方面，需要持之以恒地维护前期建设成果，如特色田园乡村的文化建设、历史文化名村与传统村落保护等；另一方面，要继续遵循乡村发展规律，在保持乡村传统和特质的基础上，积极将现代元素融入乡村文化，在多层次丰富村民精神世界的同时，充分激发村民文化传承与创新的能动性和积极性，最终实现多元文化繁荣共生的局面。

4.以生态振兴实现人与自然和谐共生

践行"绿水青山就是金山银山"的理念，建设人与自然和谐共生的现代化，就是乡村生态保护与治理的方向。近年来，江苏在持续巩固脱贫攻坚成果、全面推进乡村振兴的过程中，高度重视乡村生态环境治理，先后通过美丽乡村、特色田园乡村建设以及传统村落保护等项目，塑造了乡村建设与生态保护同步发展、"山水林田人居"和谐共生的基本格局。

面向中国式现代化的江苏乡村生态振兴工作，一方面，需要持续推进乡村生态整治、修复，健全、完善生态保护补偿机制；另一方面，需要深刻理解生态振兴的战略目标，超越单纯的农业现代化，深入学习、贯彻习近平生态文明思想，走深、走实"生态产业化和产业生态化"[1]道路，将以往的粗放数量型增长转变为质量效益型增长，全面优化产业发展范式，充分释放符合生态经济的乡村新质生产力，为全国乡村生态振兴提供示范。

5.以组织振兴筑牢乡村党建引领发展

坚持党领导一切，建设强有力的乡村基层党组织，以组织振兴巩固乡村党建，对乡村治理能力现代化具有决定性作用。江苏省委、省政府高度重视乡村治理体系和治理能力的现代化建设，在全面贯彻、落实党中央、国务院决策部署的过程中，已经探索出党建引领、自治法治德治智治"四治融合"、村级集体经济充分发展的"1+4+1"乡村治理"江苏路径"[2]，形成了有效解决现阶段乡村治理新情况与新问题的"江苏方案"。

面向中国式现代化的江苏乡村组织振兴工作，第一，要通过党建强化基层党组织的权威与公信，加强群众工作，提高农民参与意愿，团结下乡资本、专业人士以及宣传媒体等社会力量，打造以农村基层党组织为核心的"一核多元"乡村发展与治理组织体系，形成乡村振兴合力；第二，要通过人才吸纳与整合，壮大乡村振兴

---

① 李周，温铁军，魏后凯，等.加快推进农业农村现代化："三农"专家深度解读中共中央一号文件精神[J].中国农村经济，2021（4）：2-20.

② 吴琼.江苏形成"1+4+1"模式 乡村善治创新探索"江苏路径"[N].新华日报，2020-10-29.

的组织力量，尤其重视挖掘、培养农村基层党组织的后备力量；第三，需要加强数智化治理能力，全面运用数字智慧技术的信息整合与共享功能，提高乡村治理的效率和覆盖面，加强组织凝聚力。

面向中国式现代化的江苏乡村建设新策略

1.积极探索建造高品质"新苏式民居"

（1）引导设计关注老龄化、少子化、多元化的农村住房需求

当前，农房设计应在遵循安全、适用、经济、绿色、美观的原则，在满足相关设计规范和抗震设防要求的基础上，顺应农村人口变化趋势，进行针对性设计。围绕"迎合年轻人、引导中年人、照顾老年人、吸引城里人"的思路，充分尊重不同收入的农民和新村民的生产方式、生活需求和居住习惯，在户型、功能等方面满足个性化需求，引导规模化居住，考虑全生命周期的功能转换，慎重使用和改造共用山墙的农房设计。重庆万盛区新农宅图集设计就兼顾了自住和经营的需求，在外观、布局、材质上提供多种个性化模式（图1-4-1）。

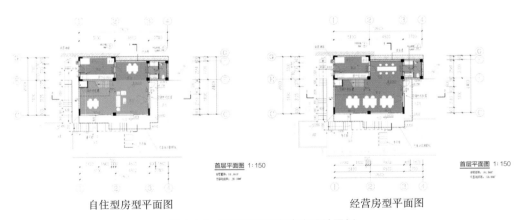

自住型房型平面图　　　　　　　　经营房型平面图

图1-4-1　重庆万盛区新农宅设计图例

（图片来源：万盛新农宅图集方案介绍B1[EB/OL]https://mp.weixin.qq.com/s/_QhZ57ffFKcqUC0sBqmiuQ.）

注：重庆万盛区新农宅图集设计方案采用坡屋顶与露台结合的形式适应当代的审美需求变化。平面、立面布局均可以左右翻转，按照用地条件选择方向。空间上设置大小卧室以满足不同居住使用需求，可以单户建设，也可以左侧或右侧拼接联建。除了自住建设，还可以作为乡村小型公共服务设施选用，也可以作为发展经营性民宿的选择。

（2）以试点示范带动农民自主更新建设现代宜居农房

聚焦鱼米之乡发展需求，探索尊重乡村实际、立足现实改善、传承乡土文化、体现当代追求、激发乡村活力的当代苏乡营造法则。在系统全面梳理传统村落营建智慧的基础上，选择不同文化地域、改善需求强烈的传统特色村庄，通过政府引导、村民主体、设计大师领衔、优秀中青年设计团队定向跟踪服务、乡村工匠和社会力量共同参与的模式开展试点示范。建设一批具有鲜明鱼米之乡特色，满足当代村民宜居需求，令农民群众满意的新时代高品质农房。进而以点带面，逐步提升乡村建筑风貌，展现浓郁乡土气息和地方特色。积极引导村民主动更新，建设有品质的民居、有特色的庭院、有记忆的空间。

（3）注重在农房更新建设中创新推广运用绿色低碳技术

高品质城乡建设是绿色发展方式和生活方式的实现载体，应积极推动绿色设计、绿色建造、绿色建材联动发力，倡导集约生态乡土的营造方式。汲取乡村建筑智慧，建筑朝向、布局需顺应自然格局，适应当地气候条件，采用适宜技术、优化自然气流。开展装配式农房建设试点，积极推进农房节能改造，探索近零能耗农房建设。用好乡土建设材料，注重绿色节能技术设施与农房的一体化设计，确保农房与乡村环境相适应。因地制宜地采用遮阳板、百叶、绿植等外遮阳设施，有条件的可通过增设外墙、屋面外保温系统，更换节能保温门窗，提高建筑保温性能①。

案例：

"浙派民居"的创新实践

为加强农房建设管理，健全乡村风貌管控机制，彰显浙派乡村特色，浙江省住房和城乡建设厅、农业农村厅、自然资源厅于2022年8月印发了《关于全面推进浙派民居建设的指导意见》。提出按照保护利用一批、改造提升一批、新建呈现一批的方式，分类打造、全面推进浙派民居建设，整体塑造浙派乡村风貌。目前已经建成了一批"浙派韵味、地域特色、风貌协调、文化彰显、功能现代、安全经济、绿色宜居"的浙派民居。

保护利用传统民居。 衢州市开化县长虹乡高田坑村，国家级传统村落，

---

① 江苏省乡村规划建设研究会，江苏省城镇与乡村规划设计院有限公司，江苏省城乡发展研究中心，等.特色田园乡村建设标准：DB 32/T 4417—2022[S].南京：江苏省住房和城乡建设厅，2022.

海拔680米，全村建有88栋50年代土木结构青瓦房，排列规整，色彩朴素淡雅。村庄以浙派民居建设为契机，结合传统村落保护，采用"面子不变、里子翻新"的形式，对全村44处以夯土房为主的古民居进行保护性改造，建成艺术画廊、星空书屋、晒秋餐厅、高山茶室、方志馆等功能场所20处，构筑多功能于一体的乡村生活空间①。

（浙江省风貌办，衢州市风貌办，开化县风貌办.保护赋能：开化星空古村[EB/OL].
[2024-06-01]. https：//mp.weixin.qq.com/s/71uN0nRXZYxG9-Z9YGxiug.）

改造提升存量民居。 余杭区对结构不安全、风貌不协调的既有存量民居，按照"宜拆则拆、宜改则改、宜留则留"的思路，消除环境乱象，提升建筑风貌。以燕栖阁云巢党群服务驿站为例，通过修缮整治"风与貌"，建筑风格传承浙派和本地建筑的乡土特征建筑要素，以返璞归真的原木设计，打造了一个温暖、共融、互联的党群服务驿站②。

（网易新闻，塑造美丽城乡新风貌两个村捧回省级荣誉[EB/OL]. https：//www.163.com/
dy/article/IIQ6PUFO0552ADWT.html）

---

① 浙江省风貌办，衢州市风貌办，开化县风貌办.保护赋能：开化星空古村[EB/OL].（2024-02-01）[2024-06-01]. https：//mp.weixin.qq.com/s/71uN0nRXZYxG9-Z9YGxiug.

② 佚名.续写"千万工程"新篇章，余韵"浙派民居"原来是这样精心打造的[EB/OL].（2023-07-20）[2024-06-01]. https：//mp.weixin.qq.com/s/wxdj2yMUT_eduK0o8NzbuA.

新建呈现浙派民居。杭州市富阳区东梓关村新建农房，以坡屋面的历史元素结合传统民居人字屋面中微曲、起翘的做法，再通过抽象与重构策略将屋顶做成不对称坡、连续坡、长短坡。几个单元相互连接，使得屋面关系相互呼应，深灰色屋顶与白色墙体相互映衬，外实内虚的界面处理增强了传统江南民居神韵和意境的视觉感。

（图片来源：调查组拍摄）

同时，浙江强调要完善农房全生命周期管理机制。聚焦农房事前审批、事中监管、事后管控三大环节，由浙江省住房和城乡建设厅牵头，协同农业农村、自然资源等部门建立了全省统一的农房建设监管平台、业务审批系统——农房"浙建事"全生命周期综合管理服务系统。贯通了省、市、县、乡、村五级管理体系，构建起"1+6+N"监管、业务双平台。系统设置"建房审批、安全管理、危房改造、经营流转、建房服务、决策辅助"6大场景，充分利用"浙里办"服务端、"浙政钉"治理端和后台业务流程，全链条打通农房设计、审批、施工、验收、质量监管、隐患排查、防灾减灾、违章举报、工匠管理、经营监管等环节，实现农户一键通办、农房一码到底、流程一账可查、政府一图通管。在建房审批使用场景中，优化了农村住房建设审批流程，实现宅基地审批、乡村建设规划许可证核发、建筑工程施工许可证核发"一次申请、并联审批",实现农村住房竣工验收在线办。

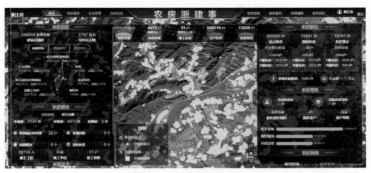

主管部门PC端使用界面

（图片来源：调查组拍摄）

2.建设宜居宜业和美的新时代鱼米之乡

（1）保护传承以彰显江苏鱼米之乡的人居魅力

小桥流水人家的江苏人居意象，蕴藉着中国人对美好家园的无限想象和乡愁寄托。新时代鱼米之乡建设更应尊重自然、顺应自然、保护自然，将绿色发展理念融入乡村规划建设各个领域和环节，积极推动垃圾源头分类减量，延续乡村聚落与生态环境相融共生的和谐关系，让绿水青山成为鱼米之乡的鲜亮底色。乡村建设行动中要注重保护和传承江苏人居意象，保护延续传统村落格局和空间肌理，加强对历史文化名村、传统村落和传统建筑组群的保护与活化利用。从文化精神和物质空间双向发力，积极探索当代苏乡营造法则，推动江苏文化的创造性转化、创新性发展，有机结合地域特色与时代风尚，让乡村既保留传统乡土韵味，又满足现代生产生活的需求。

（2）用规划设计创造乡村美好生活的活力场景

立足自身优势，充分利用长三角消费市场，实施乡村点亮计划，为乡村产业发展、升级提供高效的空间载体和环境支撑。坚持"运营前置"，针对不同产业业态需求，因地制宜创造活力繁荣的乡村新场所、新空间和新场景。用创意设计打造乡村文化IP，培育壮大特色产业，做好"土特产"文章，实现特色化、差异化、个性化发展[1]。用"微介入""针灸式"的规划建设策略，激活乡村发展潜力，带动村民共同

---

[1]《江苏省特色田园乡村示范区培育工作方案》(苏房村联〔2023〕2号)。

发展、共同富裕，让村民过上现代幸福生活。规划串联整合区域乡村特色资源，联动区域特色风貌塑造和乡村建设示范片区，促进区域城乡产业优势互补、共享发展。

案例：

"未来乡村"的率先探索

2022年，浙江省人民政府办公厅印发《关于开展未来乡村建设的指导意见》（以下简称《意见》）。《意见》指出，以党建为统领，以人本化、生态化、数字化为建设方向，以原乡人、归乡人、新乡人为建设主体，以造场景、造邻里、造产业为建设途径，以有人来、有活干、有钱赚为建设定位，以乡土味、乡亲味、乡愁味为建设特色，本着缺什么补什么，需要什么建什么的原则，打造未来产业、风貌、文化、邻里、健康、低碳、交通、智慧、治理等场景，集成"美丽乡村+数字乡村+共富乡村+人文乡村+善治乡村"建设，着力构建引领数字生活体验、呈现未来元素、彰显江南韵味的乡村新社区。从而引领乡村新经济、新治理、新生活，主导乡村新观念、新消费、新风尚，催生乡村新业态、新模式、新功能，最终全面实现乡村振兴及共同富裕。

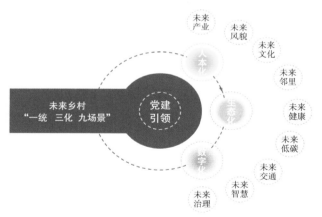

（图片来源：浙江经验｜当"未来乡村"不在未来[EB/OL]. https://mp.weixin.qq.com/s/v9242RF_SyKRS6MoWorTsw）

西湖区转塘街道长埭村

长埭村地处杭州市西湖区转塘街道西面，是西湖龙井茶主产地，毗邻中国美术学院、浙江音乐学院等高校，村庄环境优美、民风淳朴，是浙江省首批36个未来乡村之一。2021年，长埭村茶叶销售收入达6500余万元，接待游客突破 32 万人次，同比上涨 20% 和 42%；村集体经济收入 589.89 万元，村民人均可支配收入 50150 元，同比增长 42.5% 和 20%，真正实现了产业兴旺、村强富民。

打造未来产业场景。长埭村明确"茶+艺术"特色产业定位，以西湖龙井茶产业为核心，打造了白桦崍手作园艺术产业平台、共富工坊、U 型房艺术展厅等场景，统筹高校资源，组建茶乡红盟，先后引入驻村艺术家 200 多位，形成"环村艺术链"，实现茶产业与艺术的深度融合，构建了特色鲜明、业态丰富、流量火爆的产业格局。

（图片来源：全省首批！转塘这个村又双叒叕"美"出圈 [EB/OL]. https://travel.sohu.com/a/554712943_121123887 啦！）

（图片来源："千万工程"杭州实践 | 西湖区长埭村：艺术点亮乡村 数智引领共富 [EB/OL]. https://mp.weixin.qq.com/s/9FyjQ180o3zSFWzBbb7ZEQ）

打造未来邻里场景。建设了网红球场、茶园市集、健康小屋、邻里中心等公共配套，甚至还在文化礼堂专门配置了健康检测一体机，机器可以一次性检查血压、心电图、骨密度等无创项目，让村民感受乡村多姿多彩的幸福生活和周到贴心的细致服务。

（图片来源：浙江省未来乡村建设巡礼① ‖ 杭州长埭村："茶+艺术"助推乡村蝶变 [EB/OL]. https://mp.weixin.qq.com/s/sckKBkFYGwOVSG1kvky_Yg）

（图片来源：一起奔向共同富裕的美好明天 [EB/OL]. https://mp.weixin.qq.com/s/Vuk2H50FHTAweyxBDi1cng）

打造未来智慧场景。建设了"长富云"服务平台，应用数字化技术实现民情"云监护"、信息"云共享"。通过与浙江大学茶学系密切合作，推动西湖龙井茶全生命周期数字化应用，大力开展智慧茶园建设。还为村里为70岁以上的老人配备了智能手环，用于实时监测老人的心率、血压等基础健康数据，若出现异常，"长富云"会第一时间通知村务工作者及老人的家属，及时进行救护。

（图片来源：一起 奔向共同富裕的美好明天[EB/OL]. https：//mp. weixin.qq.com/s/Vuk2H50 FHTAweyxB Di1cng）

（图片来源：杭州之江经营管理集团有限公司：党建引领未来乡村建设 跑出"共富"加速度[EB/OL]. http：//www.zjdj.com.cn/zt/2021zjsgqdjcxal/al/202202/t20220221_23839583.shtml）

（3）营造共建共治共享的良好氛围

以乡村人居环境建设为载体和突破口，探索构建共建共治共享机制，实现"美好人居环境与幸福生活"共同缔造。将乡村为村民而建的理念贯穿规划、设计、建设、治理全过程，充分发挥村民主体作用和首创精神，提高村民主动参与建设美好家园的积极性和创造性，让农民群众在全面推进乡村振兴中有更多获得感、幸福感和安全感。探索多元主体参与乡村规划建设的适宜路径，在人居环境改善中凝聚发展共识、塑造共同精神，引导乡村规划建设专业者走进乡村、深入乡村、服务乡村，把现代专业知识带到乡村，并通过在地化规划设计和陪伴式建设服务，与村民共成长，与乡村共发展。

案例：

东罗探索"政府＋社会资本＋村集体＋村民"乡建模式

兴化市东罗村坚持政府主导，采用"政府＋社会资本＋村集体＋村民"的创新合作模式，与兴化市政府、南京万科企业有限公司合作成立平台公司——兴化市万兴商业管理有限公司，负责东罗村的建设和运营。村集体以闲置的集体土地使用权，经专业机构评估后作价入股平台公司，使村民成为"股东"，实现就地就业、创业，并通过村集体的持股享受经营性分红。

大礼堂

（图片来源：兴化市省级特色田园乡村风采（一）| 东罗村 [EB/OL]. https：//mp.weixin. qq.com/s/I8 o9ssBxNox_7uI66YgdEA）

村民食堂

（图片来源：兴化市省级特色田园乡村风采（一）| 东罗村 [EB/OL]. https：//mp.weixin. qq.com/s/I8 o9ssBxNox_7uI66YgdEA）

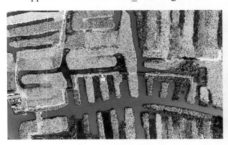

垛田景观

（图片来源：青耘中国·我为家乡代言 | 团团邀你游美丽乡村——碧水东罗 [EB/OL]. https：// mp.weixin.qq.com/s/FUsILQha2z-KidTq-_UylA）

体验游赏

（图片来源：千垛油菜、万波碧海，我们来啦！——易创园踏春记 [EB/OL]. https：//www. sohu.com/a/304117574_120112508）

3. 建设融合城乡发展的现代化宜居城镇

（1）鼓励小城镇差异化梯度化发展

江苏省小城镇地域差异明显、发展各具特色，面对人口收缩的大趋势，未来发展更应根据人口而非行政级别配置基本公共服务设施，走差异化、特色化、梯度化发展道路。要统筹考虑小城镇的区位、人口、经济、生态等资源禀赋以及发展趋势，实行分类指引。重点中心镇以提高产业承载能力和人口聚集能力为目标，不断做强实力、做大产业、做优功能、做美形象，增强吸引力、集聚力和承载力；特色小城镇要以"产业特而强、功能聚而合、形态小而美、机制新而活"为导向，立足自身禀赋优势，发展特色产业、塑造特色文化和特色功能，不断提升自身魅力。同时鼓励片区联动发展，以小城市标准发展片区中心镇，使其成为具有较强就业供给和公共服务能力的片区中心，并积极联动片区内其他小城镇，形成良好分工协作格局，并在此基础上构建"中心城+片区中心"的"1+N"综合中心体系。

（2）提升现代化宜居城镇建设品质

围绕"基础设施现代化、公共服务现代化、产业园区现代化、人文环境现代化、综合治理现代化"五个现代化，以小城镇体检评估为基础，聚焦解决群众急难愁盼问题，补齐小城镇建设发展短板和弱项，有针对性地实施五大提升工程。一是聚焦市政设施、交通设施、新型基础设施等内容，实施基础设施提升工程，实现城乡基础设施统一规划、统一建设、统一管护；二是聚焦城乡居住品质、教育和医养服务、商贸和文体设施等内容，实施服务能力提升工程，并着力改变公共服务能力与小城镇财政能力挂钩的状况，让城乡居民享受基本均等的公共服务；三是聚焦产业升级、品牌建设、服务配套等内容，实施产镇融合发展工程，引导城镇村产业协同互补，打造联城联镇联村的共富片区；四是聚焦特色风貌塑造、历史文化保护传承等内容，实施风貌彰显工程；五是聚焦城镇村联动发展、规划设计引领、长效发展机制等内容，实施治理增效工程。推动建立全域覆盖、层级叠加、舒适便捷的5分钟社区生活圈、15分钟建成区生活圈、30分钟镇城生活圈体系，打造联城、联镇、联村的"共富带"。

（3）健全"房村镇"全生命周期的工作联动机制

建立"房村镇"省级工作推进一体化办公室，由省委、省政府主要领导牵头，分管领导具体负责，围绕"钱、地、人"等制定出台系列政策措施，建立健全"规、设、建、运、治"全生命周期的考核评估机制，督促推动重点任务落地落实，并转化为数字化管理流程和具体服务事项。借鉴"农房浙建事"建设思路，提前谋划整合现有农房和村镇建设服务信息系统平台资源，探索建设我省"房村镇"综合管理信息平台的思路和方法，形成"房村镇"建设生命周期闭合监管链条，实现全省农村房屋建设审批和质量安全信息化监管，并与农业农村、自然资源、市场监管等部门的有关平台数据互联互通，让农民建房"一网通办"。统筹谋划"推动城乡融合发展"过程中的关键性问题，坚持"镇区带村、镇村联动"，坚持"运营前置"，在规划、设计、建设阶段考虑乡村产业运营需求，系统化整合各类资源，加强特色田园乡村和传统村落保护的联动发展，完善村庄和小城镇从开发建设到维护使用的全生命周期基础性制度。

4.构建回归共同富裕初心的农民增收发展格局

（1）聚焦产业助力富民，拓展农民就业增收新渠道

加大市场主体培育力度，增加市场主体数量，大力支持本土企业和本土品牌发展，积极推动他们走向全国、走向世界。实施新乡贤带富和乡土人才工程，建立

乡村振兴和乡贤回归投资重大项目库。完善联农带农机制，通过订单收购、保底分红、二次返利、股份合作等形式，让农民更多分享产业增值收益。积极推进乡村传统基础设施数字化改造赋能，为扩大农业农村有效投资、增强发展后劲提供有力支撑。健全就业公共服务体系，优化乡村就业环境和服务供给，建立有利于农民灵活就业和适应新就业形态特点的用工制度，加强农民工稳就业职业技能培训，带动农民实现家门口增收致富。

（2）聚焦改革激活资源，构建农民权益价值实现新机制

持续深化农村改革，发展壮大新型农村集体经济，推进经济薄弱村提升行动。开展农村产权流转交易规范化整省试点，推进多种形式的农业适度规模经营，深化农村集体经营性建设用地入市改革，加强农村宅基地管理，推进农村综合性改革试点试验。在充分保障农民权益的前提下，支持多渠道盘活农村闲置宅基地和闲置农房资源，鼓励利用农村党群服务阵地、闲置农房等创办"共富工坊""创客工坊"，带动更多农民高质量就业创业。允许各地从满足多孩居住和经营需要出发，因地制宜适当放宽农房建筑面积和层数等限制。引导农家乐提档升级，支持把符合条件的农家乐（民宿）纳入工会疗休养名录。

（3）聚焦城乡要素流动，探索构建城乡共荣共富新格局

通过全局谋划、财力倾斜、要素保障，推动资金、技术、人才等要素更多流向乡村。将县域作为重要突破口，切实增强县城中心功能，发挥小城镇连接城乡的纽带作用，推动公共资源在县域内优化配置。把握消费升级趋势，打造高品质消费场景，评选一批具有地标性、大流量的精致消费场景，提升新型消费供给能力。实施乡村点亮计划，借鉴"日本神山町'卫星办公室'""德国福利德纳'银发乐园'"等代表性乡建经验，坚持运营前置、空间赋能、综合提升，打造一批富有特色的乡村消费新场景和综合体。鼓励发展农产品电商直采、定制生产等模式，建设农副产品直播电商基地，促进城乡消费双向高效循环。

案例：

日本神山町"卫星办公室"促进村镇复兴

自20世纪60年代以来，除了东京都市圈人口持续增长外，日本人口一直处于持续减少的状态。活力下降、经济衰退成为日本乡村的共性问题。然而，德岛县的神山町却在这一片衰败凋零中脱颖而出，成功走上了复兴之路。日本

神山町距离市区约50分钟的车程，人口从1955年的21万人，锐减至2015年的6000人，人口老龄化程度高达46%。为改变现状，神山町紧抓都市产业转移的浪潮，依托通信基础设施优势，实施"卫星办公室（Satellite Office）"项目，改善住区环境和公共服务，吸引各行各业的都市创意人才和商业精英入住，"创造性人才"持续迁入，实现了人口正增长和村镇活力提升，被称为"神山奇迹"①。

日本神山町

（图片来源：周岚，陈浴宇.田园乡村·国际乡村发展80例：乡村振兴的多元路径[M].北京：中国建筑工业出版社，2019.）

德国福利德纳村"银发乐园"激发空间再生

福利德纳村位于德国西部风景如画的莱茵兰地区，离大城市杜塞尔多夫和艾森不到20km。面临德国老龄化的严重挑战，福利德纳村通过适老化的公共服务和康养设施的建设完善，在优美的乡村构建了医养融合的"银发乐园"，使优美宁静的乡村成为老年人安享晚年的美好家园，不仅形成了社会民间资本、社会公益组织、专业医疗服务技能等社会各方力量共同应对人口老龄化问题的有效途径，也为"萎缩化、空心化"的农村地区，提供了一种新的再生方式②。

多元化的服务为老年人提供专业、细致的全方位照顾

（图片来源：周岚，陈浴宇.田园乡村·国际乡村发展80例：乡村振兴的多元路径[M].北京：中国建筑工业出版社，2019.）

---

① 周岚，陈浴宇.田园乡村·国际乡村发展80例：乡村振兴的多元路径[M].北京：中国建筑工业出版社，2019.
② 同上。

专题1：
江苏乡村建设政策演进与实践探索

执笔人：闫 海 王 婧

完成单位：江苏省城镇与乡村规划设计研究院有限公司

自党的十八大以来，特别是党的十九大提出乡村振兴这一国家战略后，中央及各级地方政府积极推进乡村建设，取得了明显的成效。根据2022年中宣部"中国这十年"对乡村振兴的成就总结：我国粮食产量10年再上一个千亿斤新台阶，连续7年稳定在1.3万亿斤以上，人均粮食占有量达到483公斤，高于国际公认的粮食安全线；脱贫攻坚战取得全面胜利，9899万农村贫困人口全部脱贫，832个贫困县全部摘帽，12.8万个贫困村全部出列；人居环境明显改善，农村卫生厕所普及率超过70%，生活垃圾和污水治理水平明显提升，各类公共设施提档升级；乡村产业蓬勃发展，休闲旅游、电商直播等新业态不断涌现，农村居民人均可支配收入较2012年翻了一番多[①]。实践和理论同步证明，通过政策引导，政府能够高效、充分地调动资源并进行有利于全局的资源分配[②]，政策对于推动乡村建设发展具有十分重要的作用。

江苏自古就是中华农耕文明的典型代表地区之一，一方面是"苏湖熟，天下足"的鱼米之乡，另一方面是"上有天堂、下有苏杭"的理想居所，既承载着国家的粮食安全，又承载着人们的乡愁记忆。如今的江苏依然是中国经济社会先发地区之一。首先，城镇化水平走在全国前列，2023年常住人口城镇化率为75.04%，超过全国平均水平9个百分点；同时，作为人均国土面积最少的省份，江苏的人口密度是全国平均水平的5.4倍，但人均GDP是全国平均水平的1.7倍，以有限的土地产出了较高的经济贡献。江苏在乡村发展上也体现出突出优势，作为粮食大省，2023年粮食产量753.8亿斤，位居全国第八；城乡居民人均可支配收入比为2.11，是全国城乡收入差距较小的省份之一。总体而言，江苏的乡村基础较好，发展水平较高。苏南、苏中、苏北的地域差异和城乡之间的建设发展水平差异是省域乡村高水平发展的主要挑战。

面对江苏的省情特征，省委、省政府较早地将发展战略从大城市主导转向了城乡一体化，以解决城乡二元结构问题，并长期重视乡村建设工作，以期通过乡村物质环境的改善带动乡村全面振兴。2011年以来，江苏先后开展了村庄环境整治行动、村庄环境改善提升行动、特色田园乡村建设行动、苏北地区农民群众住房条件改善行动、农村住房条件改善专项行动等乡村建设行动。通过五个阶段的专项

---

① 李晓晴.中国这十年：新时代乡村振兴战略全面推进[N].人民日报，2022-06-28（2）.

② 孙莹，张尚武.作为治理过程的乡村建设：政策供给与村庄响应[J].城市规划学刊，2019（6）：114-119.

行动，有效推动江苏乡村建设水平的不断提升。相关统计数据显示，全省村庄建设投资从2010年底的412.8万元提升至2022年底的568.2万元，村庄用水普及率从91.5%提升至98.4%，燃气普及率从61.0%提升至87.5%，污水处理行政村占比从19.6%提升至86.4%（图2-0-1、图2-0-2）。

图 2-0-1 2011年以来江苏省委省政府乡村建设行动阶段划分

（图片来源：笔者自绘）

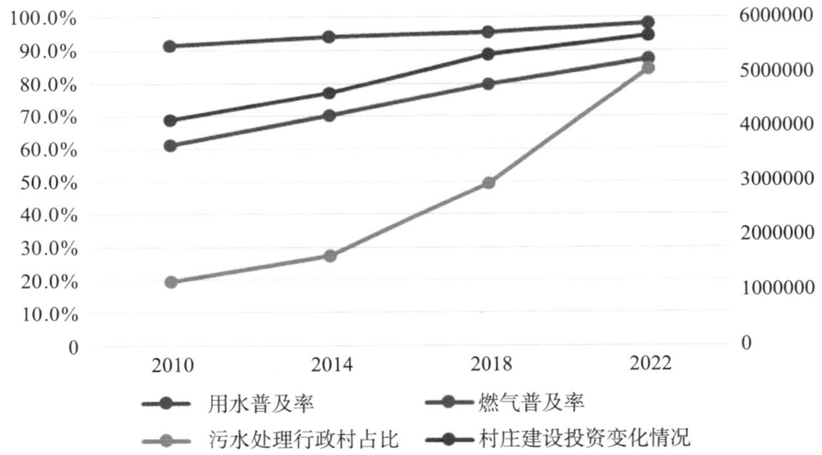

图 2-0-2 江苏省村庄用水普及率、燃气普及率、污水处理行政村占比、村庄建设投资变化情况

（数据来源：江苏省村镇建设统计年报）

　　江苏省自上而下有效推动乡村建设、乡村振兴的实践受到了中央及各方的关注和肯定，在全国具有先进性和示范意义。中央有关部门多次调研并推介江苏相关经验，人民日报、新华网、学习强国、新华日报、江苏卫视等主流媒体多次进行报道。江苏省的一系列工作被认为是"结合江苏省情对乡村建设行动的先行实践和有益探索，也是推动乡村振兴战略实施的有效路径"，被评价为"走出了一条美丽宜居乡村与繁华都市交相辉映、协调发展的'江苏路径'""为全国贡献了新型城镇化

与乡村振兴协同发展的'江苏样板'"[①]。基于对江苏省委、省政府近十年乡村建设政策的系统梳理，本专题尝试总结省级层面推动乡村建设的主要做法和典型地方实践，以期为其他地区和江苏今后的相关工作提供参考。

[①] 周岚. 江苏乡建十年实践心得——2021年江苏省乡村规划建设研究会年会主旨报告。

一、近十年省委、省政府推动乡村建设的主要行动

 村庄环境整治行动（2011—2015年）

1.启动背景

21世纪以来江苏经济社会发展水平不断提升，但城乡发展差距日益增大。2010年底江苏城镇化水平达60.58%，城市化已成为全省经济社会发展的主要驱动力量，以城市带、都市圈为主体的城镇空间结构初步形成，城市建设水平不断提升。但与此同时，乡村发展水平特别是环境面貌和基础设施建设明显落后，亟待得到改善。面对这一现实，2011年江苏确立了城乡一体化发展的城镇化战略。省委省政府召开全省城乡建设工作会议，印发《关于以城乡发展一体化为引领全面提升城乡建设水平的意见》（苏发〔2011〕28号），决定在全省实施"美好城乡建设行动"，以城乡发展一体化为引领，大力推动城乡人居环境改善。核心行动之一就是"村庄环境整治行动"，提出"以净化、绿化、美化和道路硬化为主要目标，全面实施村庄环境整治，显著改善村庄环境面貌，形成环境优美、生态宜居、特色鲜明的乡村风貌；大力改善村庄基础设施条件，显著提升公共服务水平，建立健全长效管理机制，加快培育一批康居示范村"。

2.目标任务

村庄环境整治行动的总体目标任务是，从2011年起，在"十二五"期间完成全省城镇规划建成区外所有自然村的环境改善任务，普遍改善全省村庄面貌和农村人居环境。

针对不同类型村庄提出了不同的整治目标：一般村庄达到"环境整洁村庄"标准；规划发展村庄中的经济薄弱村庄达到"一星级康居乡村"标准；规划发展村庄中的经济较好村庄达到"二星级康居乡村"标准；规划发展村庄中的特色村庄达到"三星级康居乡村"标准。

具体任务包括：规划发展村庄突出抓好"六整治、六提升"，即重点整治生活垃圾、生活污水、乱堆乱放、工业污染源、农业废弃物、河道沟塘，着力提升公共设施配套、绿化美化、饮用水安全保障、道路通达、建筑风貌特色化、村庄环境管理水平；一般村庄要结合实际，突出"三整治、一保障"，即整治生活垃圾、乱堆乱放、河道沟塘等基本环境卫生问题，保障农民群众基本生活需求。

3.工作成效

行动以省级部署督查、市级细化实施的方式，重点加强政策支持、规划引导、资金投入和项目示范，同时充分发挥基层政府的创造性和能动性，调动农民自身的积极性和主动性，共建乡村美好家园[①]。通过5年的行动，江苏省18.9万个自然村全面完成村庄环境整治任务，建成了1300多个三星级康居乡村，带动了1万个左右市级康居乡村建设。"村庄环境整治苏南实践"获得2014年度"中国人居环境范例奖"。"江苏省村庄环境改善与复兴项目"被亚洲开发银行东亚可持续发展知识分享中心评为2014年度"最佳实践案例"。在2015年江苏省生态文明建设百姓满意度调查中，村庄环境整治满意率达到88.8%，居各项调查结果前列。

案例：

南京市江宁区以村庄环境整治为媒触动乡村发展

南京市江宁区在贯彻省村庄环境整治行动计划的同时，发挥其大城市近郊的区位优势，将村庄环境整治与乡村旅游发展有机结合起来，完善村庄道路、污水处理、农房整治等基础建设，大力发展农旅结合的乡村旅游经济，重点打造了以世凹桃源为代表的乡村休闲旅游"五朵金花"。后续又逐步建成

---

① 周岚，于春，何培根.小村庄大战略：推动城乡发展一体化的江苏实践 [J]. 城市规划，2013（11）：20-27.

了黄龙岘茶文化、大塘金薰衣草、汤家家温泉等新一批"金花村"，串点、连线、成片，形成美丽乡村的集聚规模效应。仅2014—2015年，江宁乡村接待游客数量超过2000万人次，实现旅游收入30多亿元，创业的农家乐户数超过500户，带动就业近4000人，创业农户年均收入达到30万元，为此前的3倍多。

南京市江宁区石塘人家（左）、黄龙岘（右）

（图片来源："南京休闲农业"微信公众号）

村庄环境改善提升行动（2016—2018年）

1.启动背景

2014年习近平总书记视察江苏时，高度肯定了江苏城乡环境综合整治工作，指示江苏要把城乡环境综合整治坚持不懈地抓下去，走出一条经济发展和生态文明相辅相成、相得益彰的路子。为落实习近平总书记的要求以及全国改善农村人居环境工作会议精神，2016年江苏省委办公厅、省政府办公厅印发《江苏省村庄环境改善提升行动计划》（苏办发〔2016〕21号），决定在巩固"十二五"村庄环境整治成果基础上，实施村庄环境改善提升行动计划。

2.目标任务

村庄环境改善提升行动是村庄环境整治行动的接续行动，其主要目标是持续提升农村人居环境、彰显提升乡村特色风貌、全面提升公共服务水平、巩固提升长效管护水平、放大提升环境改善效应。

主要工作任务包括四个方面：一是提升村庄规划设计水平，加快优化镇村布局规划、着力强化村庄规划设计引导、全面加强农房风貌管控；二是打造美丽宜居村庄，建设康居村庄、培育美丽村庄、保护传统村落；三是推动乡村生态环境持续改善，治理农村垃圾、治理生活污水、建设绿色村庄、健全长效机制；四是发挥村庄环境改善提升的综合效应，促进农村适宜产业发展、促进农村人居环境整体改善、促进农村全面小康建设、促进乡风文明传承发展。

3.工作成效

通过三年行动，江苏的村庄环境得到进一步改善提升，建成了上千个省级美丽宜居村庄，带动各地建成了万余个市级美丽宜居村庄。重点推进的农村生活污水治理和传统村落保护发展工作取得较为显著的成效。2017年，《江苏省村庄生活污水治理工作推进方案》经过一年多的实施，全省建制镇污水处理设施覆盖率达93.3%；《江苏省传统村落保护办法》正式颁布，将传统村落保护工作纳入法治化轨道，省级传统村落的调查、申报和认定工作有序推进。

案例：

南京市高淳区桠溪镇结合美丽宜居乡村建设打造"国际慢城"

乡村人居环境的普遍改善和美丽宜居乡村的建设，为随后的乡村特色产业发展创造了物质环境基础。以南京市高淳区桠溪镇为例，基于村庄环境整治和村庄环境改善提升，大力发展乡村旅游，引入国际"慢城""慢生活+"理念，形成中国的"乡村慢城"标准，促进了乡村旅游井喷式发展，带动了农民增收致富。2011年至2017年，乡村旅游人数从26.5万人次增至221.7万人次，增长8倍多；乡村旅游收入从3180万元增至2.6亿元，增长8倍多；返乡创业人数从600人增加到4725人；村民人均年收入从2011年的1.5万元提高到2017年2.5万元以上，经营农家乐的平均家庭经营性收入达20万元。

南京市高淳桠溪国际慢城

（图片来源：百度百科）

 特色田园乡村建设行动（2017年至今）

1.启动背景

"十二五"以来，江苏围绕乡村人居环境改善的8年实践取得了很好的成绩，但推进过程中也反映出"重物质、轻产业，重环境、轻文化，重庄台、轻田园"的不足，机制上存在着资源多头而分散、未能形成联动合力的问题。在高度城镇化、工业化、现代化背景下，寻找江苏乡村可持续发展之道成为当务之急。

2017年3月，江苏省住房和城乡建设厅会同省委农村工作领导小组办公室、中国建筑学会、中国城市规划学会等单位，在昆山市祝甸村的乡村砖窑文化博物馆召开了当代田园乡村建设实践研讨会，会上联合发布了《当代田园乡村建设实践·江苏倡议》，倡议推进当代田园乡村建设实践行动。时任省委书记李强作出批示："此事很有意义。省住房和城乡建设厅要跟踪服务，及时指导，做出特色。"不到3个月后，江苏省委、省政府印发了《江苏省特色田园乡村建设行动计划》（苏发〔2017〕13号），召开"全省特色田园乡村建设试点启动会"，正式启动实施特色田园乡村建设行动。

2.目标任务

特色田园乡村建设行动围绕"特色、田园、乡村"三个关键词，要求进一步优化山水、田园、村落等空间要素，统筹推进乡村经济建设、政治建设、文化建设、社会建设和生态文明建设，打造特色产业、特色生态、特色文化，塑造田园风光、田园建筑、田园生活，建设美丽乡村、宜居乡村、活力乡村。旨在挖掘人们心底的乡愁记忆和对桃源意境田园生活的向往，重塑乡村魅力和吸引力，致力展现乡村"生态优、村庄美、产业特、农民富、集体强、乡风好"的现实模样。

行动要求"十三五"期间省级规划建设和重点培育100个特色田园乡村试点。重点任务包括科学规划设计、培育发展产业、保护生态环境、彰显文化特色、改善公共服务、增强乡村活力六个方面。这一阶段是特色田园乡村建设的试点示范阶段。

2019年，随着试点工作顺利推进并取得良好成效，省特色田园乡村建设工作联席会议先后印发《江苏省特色田园乡村评价命名标准》《江苏省特色田园乡村创建工作方案》和《江苏省特色田园乡村建设管理办法》，将特色田园乡村建设行动推向第二阶段，即全面创建阶段。按照"点面结合"的工作思路，引导市县层面推动特色田园乡村建设，提出至2022年创建500个左右省级特色田园乡村的目标，并采用"以奖代补"的形式对达到江苏省特色田园乡村评价命名标准相关要求的村庄予以奖补。①

2023年，省特色田园乡村建设工作联席会议又印发了《江苏省特色田园乡村示范区培育工作方案》，要求将特色田园乡村从点的创建向区域建设延伸，到2023年底，省级优选3-5个特色田园乡村示范区作为首批省级培育试点；到2025年底，全省重点培育15个左右省级特色田园乡村示范区，带动市县同步培育一批特色田园乡村示范区。重点内容为科学系统谋划布局，对特色田园乡村示范区内村庄实施分类、分时序提升，培育形成1-2个主导产业，积极打造主题品牌，提升区域环境品质，促进乡村公共服务标准化、均等化、城乡基础设施一体化②。至此，江苏省特色田园乡村建设行动开始了推动特色田园乡村建设串点、连线、成片，进而实现乡村连片振兴。

---

① 高涵，亓晨. 19个村庄今天正式"转正"未来江苏特色田园乡村建设将有这些变化[EB/OL].（2019-11-14）[2024-06-01]. https://news.jstv.com/a/20191114/1573696337707.shtml.

② 江苏省城乡建设厅办公室.江苏印发方案培育特色田园乡村示范区[R].南京：江苏省人民政府，2023.

3.工作成效

截至2023年底，江苏已命名12批次共计752个省级特色田园乡村，实现了涉农县（市、区）全覆盖；同期公布了首批5个省级特色田园乡村示范区培育名单，着力推动各类特色资源"串点连线"成片发展。一大批已经命名的省级特色田园乡村在优化重塑山水、田园、村落的基础上实现了内外兼修的综合发展，彰显了新时代乡村的多元价值。

案例：

常州溧阳市实施"美意田园"行动推动全域特色田园乡村建设

常州溧阳市对接省级特色田园乡村建设，实施"美意田园"行动，系统推进全域特色田园乡村建设。依托著名网红"1号公路"、重点景区、农业园区和特色片区，规划建设形成18个市域特色田园乡村组团，形成全域景村共建的整体格局。通过沿线村庄打造，布置驿站、茶舍和观景台等功能配套设施，让村民走出田头，让产业走进乡村，打通"绿水青山"与"金山银山"之间的通道，实现田园山水、地域文化和乡村产业的振兴与融合。

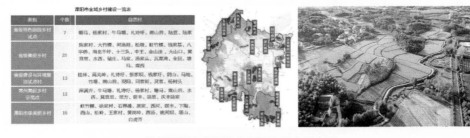

常州溧阳市全域特色田园乡村空间布局

（图片来源：周岚.江苏乡建十年实践心得——2021年江苏省乡村规划建设研究会年会主旨报告）

常州溧阳市特色田园乡村建设面貌

（图片来源：周岚，刘大威，等.田园乡村·特色田园乡村：乡村建设行动的江苏实践[M].北京：中国建筑工业出版社，2021）

（四）苏北地区农民群众住房条件改善行动（2018—2021年）

1.启动背景

2017年底，习近平总书记视察江苏时指出，苏北是革命老区，为中国革命事业作出了重要贡献，要大力支持苏北发展，让老区人民过上美好生活。为贯彻落实习近平总书记重要指示精神，2018年初江苏省委、省政府主要领导深入苏北走访调研，发现苏北地区农民群众住房条件总体较差，改善住房条件的呼声十分强烈。经研究省委、省政府同年9月出台《关于加快改善苏北地区农民群众住房条件推进城乡融合发展的意见》（苏发〔2018〕19号），将改善苏北地区农民群众住房条件作为全省实施脱贫攻坚、推进乡村振兴的重要抓手。

2.目标任务

行动明确了"三年改善30万户农民群众住房条件"的目标。要求到2020年，完成苏北地区农村省级建档立卡低收入农户、低保户、农村分散供养特困人员和贫困残疾人家庭等四类重点对象的危房改造；加快推进"空心村"以及"小散远"等农民住房改善意愿强烈的村庄改造。到2022年，苏北地区农民群众有改善意愿的老旧房屋建设和"空心村"改造基本到位；增强小城镇集聚能力和产业支撑力，建成一批具有活力的新型农村社区；历史文化名村和传统村落得到有效保护。到2035年，苏北地区农民群众住房条件全面改善；城乡空间布局全面优化，城镇化水平显著提升；城乡融合发展体制机制更加完善。

3. 工作成效

通过三年行动，苏北农村四类重点对象危房实现动态"清零"，如期完成了"三年改善30万户"的省定目标任务。苏北农村基础设施和公共服务设施配套水平明显提升，乡村特色风貌得到进一步彰显，建成了一批新型农村社区，其中综合成效较为突出的112个被命名为省级特色田园乡村。三年行动的工作成效得到农民群众的肯定和社会各界的认可。据省统计局社情民意调查中心调查显示，改善农户的满意率达93.3%。中央农村工作领导小组办公室、中央一号文件执行情况督查组、住房和城乡建设部、审计署南京特派办等都对苏北农房改善工作给予充分肯定。

案例：

盐城市盐都区多措并举改善农房条件

盐城市盐都区将农房改善工作作为乡村振兴的重要抓手，通过高质量打造示范社区带动全区农房改善工作。高起点编制农村社区建设规划，彰显里下河水乡特色风貌；以花吉、佳富等示范项目为引领，实现全区新型农村社区项目建设标准化；高要求进行社区管理，设立党组织机构、卫生室等服务机构，强化网格化管理，并逐步推广物业管理，实现新型农村社区管理科学化、精细化；鼓励农村乡贤等参与"共同缔造"，积极开展乡风文明建设和社会治理，共建美丽新家园。同步改善老旧村庄，挖掘历史文化，培育特色田园乡村和传统村落。截至2021年，盐都区新建22个新型农村社区，6个新型社区被列为省级示范项目，显著改善了农民群众的住房条件，并创成10个省级特色田园乡村，带动一批村庄焕发出新的活力。①

---

① 盐都区政府办公室. 盐都农房改善工作成为走在苏北前列的现实样板[EB/OL].（2021-06-15）[2024-06-01]. http://www.yancheng.gov.cn/art/2021/6/15/art_17864_3612277.html.

盐都新型农村社区

（图片来源："盐都人"微信公众号《新农村，有看头！农房改善，让盐都农村大变样》）

（五）农村住房条件改善专项行动（2022年至今）

1.启动背景

2021年中央一号文件提出"大力实施乡村建设行动"，2022年中央一号文件要求"扎实稳妥推进乡村建设"，随后由中共中央办公厅、国务院办公厅印发《乡村建设行动实施方案》，明确了以普惠性、基础性、兜底性民生建设为重点等系列要求。2022年4月，江苏省委、省政府结合省情实际和前一阶段苏北地区农房改善行动，进一步部署开展农村住房条件改善专项行动，将实施农村住房条件改善作为江苏深入推进乡村建设行动的重要任务，加强统筹谋划，打造美丽宜居的新时代鱼米之乡。

2.目标任务

行动明确了"农民主体、自我更新，政府支持、分类施策，规范操作、严守红线"三条工作原则，并提出分期目标：2023年6月底前基本完成行政村集体土地上的危房消险解危；2026年底前基本完成1980年及以前建设且农户有意愿的农房改造改善。共计将改善全省50万户以上农村住房。

工作任务主要包括"六着力、两同步"八项，即着力推动农村危房整治、着力改造困难群体危房、着力推进老旧农房改善、着力强化农房设计引导、着力加强农房建造管理、着力彰显乡村特色风貌、同步提升规划发展村庄公共基础设施水平、同步促进农村全面发展。

3. 工作成效

截至目前，通过农村住房条件改善专项行动，江苏省数十万户农民群众住房条件得到改善，基础设施和公共服务设施配套水平显著提升，建成了一批体现地域特点、乡土特色、时代特征的新型农村社区。行动过程中，要求重点探索"政府主导"和"农民主体"相结合的组织方式，推动工作有序开展；通过政策引导不同改善需求的农民选择"留乡"或"进城入镇"，适应城乡发展的客观规律；在具体建设中，既充分尊重农民的自我需求，又通过共同谋划，逐步求同存异，形成大家共同遵守的建设"规则"，以保证整体协调；强调以技术支撑带动村庄建设的现代化，引导优秀专业技术人员下乡开展陪伴式服务，在建设安全、绿色、美观的新农房基础上，为新农村提供全面的谋划①。

案例：

无锡"美丽农居"工作探索农房改善新方法

无锡结合《农村住房条件改善行动方案》和无锡市2021年启动的现代"美丽农居"建设工作，形成了一套自身的工作方法和成效。首先，通过多部门协同的组织模式和系列政策、资金的支持，为农房工作的高质量推进做好保障。在此基础上，一是注重提升规划设计水平，先后出台《无锡市农村房屋建筑风貌管理指南（试行）》《农房设计优秀户型汇编》等文件，并聘任"美丽乡村设计师"定点对接试点村的规划设计，推动试点村形成良好的空间布局和"新江南人家"水乡特色风貌；二是按照"产村融合""一村一品"的总体思路推进一二三产互融互动。惠山区桃源村山南头将当地桃乡农耕文化融入"非遗"传承、艺术创作等，吸引创意家、艺术家、手工艺者开设创意作坊，打造乡村文

---

① 梅耀林.关于在农房改善行动中引导"自我更新"的几点思考[N].新华日报，2022-07-06（6）.

化交流平台；锡山区东港镇山联村小湾里通过农房建设和改造，发展生态农业、休闲农业和乡村旅游等新业态。把特色田园乡村建设标准融入农房建设试点村，树立乡村建设"标杆"，建成10个省级特色田园乡村。①

无锡试点村建设成效

（图片来源："江苏乡村建设行动"微信公众号《无锡市农村住房条件改善工作调研报告》）

---

① 任余娟.无锡市农村住房条件改善工作调研报告[EB/OL].（2022-12-09）[2024-06-01]. https：//mp.weixin.9q.com/s?_biz=MzkxMzE3NTg2NQ==&mid=2247500049&idx=1&sn=14eadf28d4c6440b207feb88324171ed&chksm=c1032547f674ac512dae2d2bebcace96e97cf2695d03102409eb2a552e9c3c19244c5754688e&scene=27.

二、省级层面推动乡村建设的主要做法

江苏省在近十年的一系列乡村建设行动中，通过不断探索形成了一批较为典型的做法，有效推动了相关行动的落地实施。概括起来主要有以下六个方面。

 重视全过程调查，全面掌握实际情况

1.开展事前事中事后全过程调查

在历次开展的各项行动中，组织部门高度重视调查研究工作，将调查研究贯穿于各项行动的全过程。重视工作全面开展之前的调查，找准问题，精准发力；重视工作推动过程中的调查，及时反馈，修正方向路径；重视工作完成后的调查，查漏补缺，总结提升。全过程的调查研究，为历次行动的开展和不断迭代升级提供了很好的现实依据。

以苏北地区农民群众住房条件改善行动为例，在行动启动之初，由省房村办牵头，组织省住建、财政、自然资源、农业农村、发改等部门分赴相关市县围绕人口社会、产业经济、空间形态、设施配套、政策计划等方面开展详细调研，形成专题调研报告，为省级层面政策制定提供决策依据。在推进过程中，建立了由省级机关干部+专业技术人员组成的5个蹲点指导工作组，重点督导各地组织推进体系落实、配套政策制定等方面情况，对发现的问题现场进行解决或向上反馈焦点难题。农房项目建成投入使用后，组织由省级机关干部+专家+地方人大代表（地方政协委员）+新闻媒体代表组成的省级绩效评价组，对苏北5个设区市、33个县（市、区）农房改善工作进行绩效评价。通过听取汇报、查阅台账、现场检查等方式全面评价市县年度目标完成及工作成效（图2-2-1～图2-2-3）。①

图2-2-1　江苏省苏北农房改善政策需求调查

（图片来源：《现代宜居农房建设实施路径和支持政策研究》综合报告）

图2-2-2　建设实施阶段部门督导

（图片来源：《现代宜居农房建设实施路径和支持政策研究》综合报告）

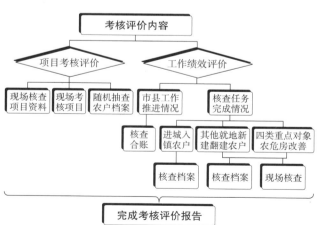

图2-2-3　建成使用阶段项目建设绩效评估

（图片来源：《现代宜居农房建设实施路径和支持政策研究》综合报告）

① 住房和城乡建设部课题《现代宜居农房建设实施路径和支持政策研究》综合报告。

2.发动多方主体参与进行全面系统的深入调查

在开展调查研究的具体方法上，既注重发挥政府职能部门和专家学者们的智慧，系统地架构调查研究的框架内容；又注重调动各级干部群众的工作热情和积极性，让基层工作人员、村干部、村民充分参与，使得调查深入细致。多主体的深度参与，使得调查研究可以更为真实地反映江苏乡村的现实情况，为政府的决策提供重要的参考依据。

以较早的村庄环境整治行动为例，在2011年行动初期，省住房和城乡建设厅组织开展了"江苏乡村调查行动"。采用"省住房和城乡建设厅统一组织、市—县—镇—村—组支持、大专院校和研究单位实施"的工作模式，组织省内多家大学和科研机构组成13个调查组，动员了全省305名研究人员，在630多名基层工作人员的帮助下，历时15个月深入农村开展田野调查和社会调查，走村入户，与村干部和村民进行"一对一""面对面"的交流互动。调查对象覆盖了13个省辖市，抽样283个（每市约20个）不同类型的代表性村庄；调查内容覆盖乡村的经济社会发展、人口土地状况、村庄聚落环境、空间布局形态、农房建设状况、基础设施情况以及农民人居意愿等全方位内容（图2-2-4、图2-2-5）。

图2-2-4　多主体参与调查研究

（图片来源：周岚.江苏乡建十年实践心得——2021年江苏省乡村规划建设研究会年会主旨报告）

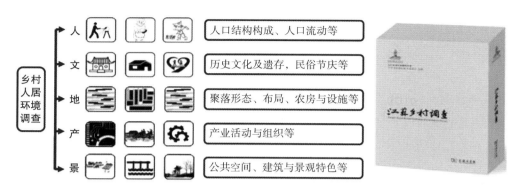

图 2-2-5　全覆盖的调查内容及成果

（图片来源：周岚.江苏乡建十年实践心得——2021年江苏省乡村规划建设研究会年会主旨报告）

 立足县域统筹，因地制宜分类推进

1. 基于镇村布局规划，精准投放公共资源

　　针对省域自然村布局分散、数量多、规模小的状况，考虑到城镇化推进和乡村发展的动态特征，江苏在全国较早开展组织编制镇村布局规划，以县域为统筹单元，对自然村庄进行分类，明确规划发展村庄的各项要求，以期顺应城镇化发展趋势，精准投放公共资源，逐步实现合理优化"城-镇-村"空间布局的目标。

　　在此基础上，各项乡村建设行动针对不同村落类型采取差异化的建设策略。例如在村庄环境整治行动中，以镇村布局规划为引领实施分类整治，一般自然村庄以"整洁村庄"为目标实施"三整治、一保障"，规划发展村庄通过推进"六整治、六提升"建设康居乡村和美丽乡村（图2-2-6）。这种分类推进的方式充分考虑城镇化进程中农民减少的趋势，减少和避免过程性公共资源浪费，在推动农村人居环境普遍改善的同时，促进乡村长远可持续发展。[①]

---

① 周岚，于春.乡村规划建设的国际经验和江苏实践的专业思考[J].国际城市规划，2014，29（6）：1-7.

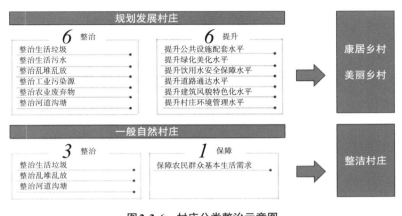

图 2-2-6　村庄分类整治示意图

（图片来源：作者自绘）

2.基于村庄本底特征，分类制定建设标准

江苏南北地域自然资源禀赋差异大，地域文化特色各不相同。各项行动中，都提出要结合村庄的本底特征，有针对性地提出规划建设目标要求，因地制宜、因村施策分类开展试点示范。

在村庄环境整治行动中，根据村庄的资源禀赋、建设模式等方面的不同，将规划发展村庄细分为"古村保护型、人文特色型、自然生态型、现代社区型、其他改善型"等五种类型，制定相应的建设引导要求，尊重乡村肌理，保护乡村特色，因村施策，分类整治，使平原地区更具田园风光、丘陵山区更有山村风貌、水网地区更含水乡风韵（图 2-2-7）。

在特色田园乡村建设行动的试点阶段，统筹考虑地域分布、地形地貌、涵盖多种农业产业类型、兼顾探索经济薄弱村脱贫等因素，来选择类型多样的试点示范村庄（图 2-2-8）。最终确定的首批 45 个试点村庄，从区域分布来看，苏南片 22 个，苏中苏北片 23 个，其中省定经济薄弱村 4 个；从地形地貌来看，丘陵山区 10 个，水网地区 16 个，平原地区 19 个；从产业类型来看，聚焦一产的 25 个，以一产为基础、二三产融合发展的 15 个，以发展乡村旅游为主的 5 个。①

---

① 江苏省特色田园乡村建设工作联席会议办公室. 江苏特色田园乡村建设相关情况汇报[Z]. 2017-10-17.

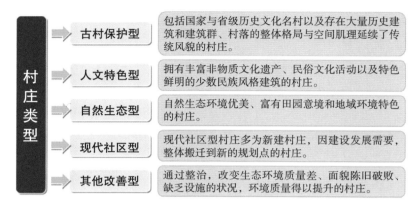

图 2-2-7 村庄环境整治中的细化分类

（图片来源：周岚.江苏乡建十年实践心得——2021年江苏省乡村规划建设研究会年会主旨报告）

图 2-2-8 特色田园乡村试点村分布示意图

（图片来源：周岚《江苏省美丽宜居乡村建设情况汇报》）

3.基于村庄实际需求，积极有序推动工作

农民群众住房条件改善行动中，在充分尊重农民意愿的基础上，对工作对象推进时序上的优先级进行分类，引导行动有序推进。一是优先完成农村四类重点对象危房改造，对特别困难的群众由政府兜底安置，确保困难群众住有安居（图2-2-9）。二是优先推进新型城镇化，引导有能力在城镇稳定就业和生活的农业转移人口举家

进城入镇落户。三是优先推进"小散远"、农民意愿强烈村庄的居住条件改善，妥善解决农村"空关房"和"空心村"问题。①

图 2-2-9 农村四类优先改造危房

（图片来源：周岚.江苏乡建十年实践心得——2021年江苏省乡村规划建设研究会年会主旨报告）

加强技术支撑，提升规划设计水平

1. 持续推出技术指南，规范提升基层工作水平

各项乡村建设行动中，江苏始终注重从省级层面制定指南、标准等，对地方工作提供技术支持，同时进行统一规范和引导。

在村庄环境整治行动中，省级层面制定了《江苏省村庄环境整治技术指引》《江苏省村庄环境整治技术指引（续）》《江苏村庄环境整治60问》等指导工作开展；特色田园乡村建设行动中，编制了《江苏省乡村营建优秀案例集》《江苏省特色田园乡村规划建设指南》《江苏地域传统建筑元素资料手册》等；农房改善工作中，组织编制了《江苏省农房建设指南》《江苏省美丽宜居村庄建设指南》《江苏省美丽宜居小城镇建设指南》等系列指南，以及每个地级市一套的适用于本地区的农房设计方案汇编，免费下发各地作参考（图2-2-10）。

---

① 周岚.江苏乡建十年实践心得——2021年江苏省乡村规划建设研究会年会主旨报告。

图2-2-10　省级层面技术标准（部分）

（图片来源：作者收集）

2.建立全国首家省级乡村规划建设研究团体，吸引更多专家学者关注研究乡村规划建设

2013年由江苏省住房和城乡建设厅等五家单位共同发起成立的"江苏省乡村规划建设研究会"，是国内首个以乡村规划建设为主题的省级专业性学术研究团体（图2-2-11）。研究会凝聚了行业内的政府部门管理者、高校专家学者、一线实践工作者等领军人才，围绕江苏省的村庄环境整治、特色田园乡村建设、农村住房条件改善、传统村落保护发展、乡村建设工匠培训考核等一系列重点工作，相继开展了多项课题研究和实践服务，同步开展专业学术交流、教育培训、宣传推广等各项工作。通过省级乡村规划建设学术组织的成立和相关工作的开展，汇聚了更多专业智慧，对江苏省的乡村建设工作起到了重要的技术支撑作用。

图2-2-11　江苏省乡村规划建设研究会第一次会员代表大会

（图片来源：作者收集）

3.引导科研院所里的"大院、大师、大家"志愿服务乡村规划建设

江苏科研院所众多，拥有一批在全国城乡规划建设领域具有较高影响力的专家学者。同时，各级政府高度重视发挥在苏科研院所和专家学者的作用，发动他们积极参与乡村规划建设。典型如特色田园乡村建设行动中，江苏在全国范围内优选60名优秀设计师，汇编成《特色田园乡村设计师手册》供地方遴选（图2-2-12）。经地方自主选择、对口联系，136个特色田园乡村建设试点村庄中，有半数试点村庄的规划设计由院士、全国勘察设计大师和江苏省设计大师亲自"操刀"，推动高水平规划设计师聚焦江苏乡村。同时，为引导高层次设计人才持续关注乡村建设、深入乡村开展实践，在"江苏省设计大师（城乡规划、建筑、风景园林）"的评选要件中增加了"有获奖的乡村设计作品"。

图2-2-12 优选优秀设计大师汇编成册供地方遴选

（图片来源：《特色田园乡村设计师手册》）

（四） 建设联动发展，不断放大综合效应

1.重视在建设中为村庄发展"活血"

早期的村庄环境整治行动，不仅使得全省村庄环境面貌普遍发生翻天覆地的变化，更重要的是一部分地区（如南京江宁区）借助村庄环境整治行动所带来的生产生活环境品质提升，促进了乡村人口回流，与乡村产业发展形成了良性关联互动。

探索诠释了村庄环境整治行动的"放大"效应，让越来越多的干部群众意识到乡村物质环境的改善与推动产业发展相结合，将会为村庄长期发展注入更多活力。

在特色田园乡村建设行动中，十分重视产业发展的基础性作用，立足农业，把竞争优势强、比较效益好的特色主导产业放在优先位置，培育农产品知名品牌和地理标志品牌，推动延伸农产品产业链，改变乡村以传统种养业为主、产业链条短、业态单一的状况。在推动农业转型升级的同时，顺应城乡居民消费升级的发展趋势，立足不同乡村资源禀赋，着力营造优质综合的空间环境，满足人们"看得见山，望得见水，记得住乡愁"的生活愿望。发展旅游观光、休闲度假、农耕体验、创意农业、养生养老等适宜产业，以"生态+""互联网+""创意+"等方式，促进一二三产业融合发展，构建"接二连三"的农业全产业链（图2-2-13）。[①]

图 2-2-13 乡村旅游产业发展

（图片来源：间海《江苏乡村规划建设实践与思考》主旨报告）

2.重视特色的保护与彰显，留住乡愁记忆

乡村承载着中国人心底的乡愁，文化价值是乡村的重要价值之一。江苏在各阶段的行动中都把保护和彰显乡村特色作为乡村建设的重要内容之一。强调在规划建设中加强对乡土文化的挖掘、保护、传承和利用，发挥乡村建设技能型人才作用，用好乡土建设材料，使得新建建筑与乡村环境相适应，彰显乡村特色风貌。

村庄环境整治行动阶段，明确提出"特色村"要在既有村庄特色基础上，着力

---

① 周岚，刘大威，等.田园乡村·特色田园乡村：乡村建设行动的江苏实践[M].北京：中国建筑工业出版社，2021.

发展壮大特色产业、保护历史文化遗存和传统风貌、协调村庄和自然山水融合关系、塑造建筑和空间形态特色，建设"美丽村庄"。特色田园乡村建设行动更是把"特色"作为行动的关键词之一，强调要重视发掘乡村的多元功能价值，要结合时代发展需要进行塑造传承彰显。同时，江苏大力推动传统村落的保护发展工作，省政府印发了《江苏省传统村落保护办法》，建立了省级传统村落制度，并认定了七批次554个省级传统村落，结合国家的示范工作，探索开展省级传统村落集中连片保护利用示范建设（图2-2-14）。

图 2-2-14　江苏省传统村落：苏州市吴中区东山镇陆巷古村

（图片来源：中国江苏网《春日数读江苏传统村落》）

（五）　倡导"万师下乡"，陪伴乡村规划建设

1. 探索设计下乡的有效路径

为解决基层建设专业人才短缺、技术力量薄弱等问题，江苏长期鼓励引导设计师下乡，为乡村建设贡献力量。设计师团队与乡村基层党组织、村集体、村民共同

设计、共同谋划、共建共享，不仅使乡村规划设计成果更接地气、更受欢迎，也推动形成了乡村建设发展"民事民议、民事民办、民事民管"的多层次协商格局，推动构建乡村治理新格局，培育文明乡风①。2023年，省住房和城乡建设厅正式联合省人力资源和社会保障厅组织开展"万师下乡、万村和美"行动，提出2023—2025年组织不少于1万名住房城乡建设领域设计师、工程师等专业技术人员下乡服务乡村建设，并出台了一系列激励政策，如对获得通报表扬的个人和单位，在职称评审或评奖评优时，可凭通报表扬文件在同等条件下优先推荐；对组织力度大、工作成效较好的地区，在推荐省政府督查激励名单时优先考虑，或在下达省级特色田园乡村年度任务时，同等条件下予以适当倾斜。

案例：

苏州探索推行"双师下乡"制度

苏州市出台《苏州市特色田园乡村建设设计师驻村服务制度》和《关于明确我市引导和支持设计下乡工作重点内容的通知》等文件，率先推行驻村设计师和驻村工程师"双师下乡"制度。目前，苏州市在建特色田园乡村已实现"两师"全覆盖，平均每个村庄驻村团队有7人，年驻村约35次、总时长280小时。"一村两师"制度已入选住房和城乡建设部设计下乡可复制经验清单。

苏州科技大学城乡规划系彭锐教师团队在通安镇树山村，开展了近十年的"陪伴式乡建"规划服务。团队将一个偏远落后的小村庄打造成为面貌一新的"明星村"，先后荣获110多项市级以上荣誉，被誉为"驻村规划师"的江苏样板。第一阶段以人居环境为核心，团队编制村庄规划、特色田园乡村规划等，明确村庄发展蓝图，陪伴式实施；第二阶段以地方创生为目标，团队发挥自身专业和资源优势，创建树山"乡创+文创"双创中心，成立树山乡村创客联盟，研发出近百种"树山守"文创产品，实现文化赋能；第三阶段是以空间活化为目标的微介入乡村建设，如复建"介石书院"复兴文化空间，改造"圖山文驿"

---

① 周岚，刘大威，等.田园乡村·特色田园乡村：乡村建设行动的江苏实践[M].北京：中国建筑工业出版社，2021.

实施"艺树家"乡村驻地计划，提升大石坞市集空间塑造公共生活等。①

树山村驻村规划师团队（左）及树山村全貌（右）

（图片来源：网易新闻《自然资源部推动责任规划师制度——江苏省引导广大规划师深入基层、下沉社区做好持续规划服务》）

2.引导社会资本参与乡村建设

江苏积极探索多种社会资本参与乡村建设的模式，从更大范围凝聚力量。在此过程中，强调产业带动村民致富，将乡村建设与现代农业、乡村旅游等相结合，促进三产融合发展。通过引导社会资本投资，推动产业健康发展，对乡村闲置资产进行统一整理和开发，引进专业化运营管理队伍，合理配置资源，促进产业链延伸，努力培育品牌、扩大影响力，为乡村不断注入新的活力。

案例：

兴化市引入万科集团打造"碧水东罗"

2017年，兴化市以缸顾乡东罗村为基地，创新采用"地方政府+社会资本+村集体"合作模式打造"碧水东罗"项目。村庄总体计划投资8540万元，其中，万科集团投入4889万元；兴化市文旅公司投入3111万元；东罗村村集体

---

① 新土地规划人.自然资源部推动责任规划师制度——江苏省引导广大规划师深入基层、下沉社区做好持续规划服务[EB/OL].（2021-05-10）[2024-06-01]. https://www.163.com/dy/article/GqLQGDK70521C7DD.html.

建设用地作价评估20万元/亩，共计27亩地作价540万元入股；村民通过村集体土地等闲散生产资料入股，闲散劳动力可被项目雇佣为服务人员，未来可获取资产性收益、劳动性收益和分红收益。借助万科的客户资源，让兴化丰富的特色农产品进入万科社区，打通城乡壁垒。万科制定生产质量标准、统一打造的"八十八仓"品牌，有效提升了当地农产品销售。[①]

"碧水东罗"建设成效

（图片来源：兴化日报）

3.激发全社会深入认识理解乡村规划建设

为激发全社会对乡村的关注，江苏省多次以乡村建设为主题开展"紫金奖·建筑及环境设计大赛""青绘乡村青年文化创意设计大赛""江苏乡土人才传统技艺技能大赛"等各类竞赛，吸引不同国家和地区的大量学生、从业人员、乡村工匠等参与，产生了广泛的社会影响力。获奖选手可获得"江苏省青年岗位能手""江苏传统技艺技能大师"等荣誉称号以及高级技师职业资格，激励他们继续为乡村规划建设服务。竞赛多采用真题实做，强调实用创新，实实在在为村庄提供好的方案建议（图2-2-15）。

通过建立乡村建设相关网站、专栏、公众号等方式，一方面加强乡村建设工作的宣传，扩大社会的关注度；另一方面吸纳社会各界的建言献策，共同为乡村建设出谋划策。

① 兴化市委宣传部.多方共赢 探索乡村振兴新模式[EB/OL].（2023-10-20）[2024-06-01]. https：//www.xinghua.gov.cn/ztzl/pxsjlyj/xgzx/art/2023/art_1149656598.html.

图 2-2-15 "紫金奖·建筑及环境设计大赛"(左)"青绘乡村青年文化创意设计大赛"(右)现场

（图片来源：闾海《江苏乡村规划建设实践与思考》主旨报告）

 优化工作组织，保障行动实施成效

1. 组织领导有力，高位协调推动工作

江苏省各阶段乡村建设行动中，均由主要领导亲自指挥、亲自部署，强化了工作的重要性，也提高了工作的执行力。以苏北地区农民群众住房条件改善行动为例，建立了由省委、省政府主要领导同志牵头，分管领导同志具体负责的省级组织领导体系，苏北五市市委书记、市长亲自抓，市委副书记具体抓，县（市、区）委书记担任第一责任人，县（市、区）长担任一线总指挥。[1]

纵观江苏各阶段乡村建设行动，省政府均成立了由多个部门组成的推进工作领导小组、联席会或推进办公室等，进行高位资源协调，提升整体效率。成员单位通过分工负责、协同配合、定期会商，有力地形成了各类涉农项目资源统一聚焦和相关行动的有序推进。

2. 巡查监督严格，动态优化工作组织

历次行动中均建立了巡查监督等有效的组织管理机制，在过程中及时总结经

---

[1] 周岚.江苏乡建十年实践心得——2021年江苏省乡村规划建设研究会年会主旨报告。

验、发现问题并指导工作，推动各项行动保质保量完成目标任务。例如，在苏北农房改善工作中，建立了蹲点指导、第三方技术巡查、对口跟踪指导的"三位一体"工作指导机制，强化省级层面跟踪指导和技术咨询服务。通过专题通报、工作简报、督查专报、"回头看"等形式督促市县严格落实主体责任。印发《加强苏北农房改善档案管理工作的指导意见》，优化档案目录清单（每个改善农户一户一档，每个工程项目一案一档），以档案管理为切入口提升工作实施全过程的规范性。[1]

3.省市联动创新，破解改革创新难点

乡村的问题往往还要针对乡村特点通过改革破题，江苏在各阶段乡村建设行动中注重推动政策机制的改革创新，通过强化政策的系统集成和制度性供给，达到资金、管理、技术、人才等要素的集中配置，助力村庄提升自身发展能力，推动村庄实现由政府输血到自我造血的转变。例如，在特色田园乡村建设过程中，鼓励地方积极探索充分发挥村民主体作用、村级带头人和乡贤作用的实践举措，针对乡村特点探索乡村空关房、闲置地盘活利用的改革举措，建立既简捷高效、又程序规范的立项，招标投标，质量监督等项目建设管理制度等。[2]

案例：

南京市高淳区盘活"沉睡的资产"

南京市高淳区垄上村、小茅山脚村，按照"确权、赋能、搞活"的基本思路，扭住土地、产权等关键核心，深化农村承包地"三权"分置制度和集体产权股份合作制改革，积极推动集体资产股权"量化到人、固化到户、户内继承、社内流转"，通过盘活集体存量建设用地和闲置宅基地，唤醒了乡村"沉睡的资产"，激发了村民和市场参与的积极性，实现村民人均收入超过2万元。

---

[1] 周岚.江苏乡建十年实践心得——2021年江苏省乡村规划建设研究会年会主旨报告。

[2] 周岚，刘大威，等.田园乡村·特色田园乡村：乡村建设行动的江苏实践[M].北京：中国建筑工业出版社，2021.

案例：

泗阳县探索实行宅基地"地票"制度

泗阳县通过实现"地票"制度，引导农民自愿有偿退出宅基地，突破乡镇、行政村界限在县域范围内统筹选址建设农房，搬迁农户持"地票"在5年有效期内可自主选择"以地换地、以地换房、以地换钱"三种方式，激发了农户参与农房改善的积极性，促进了闲置宅基地盘活利用，也增加了村集体经济收入。

三、地方政府推动乡村建设的典型案例

 苏州：依托优势资源，由点及面推动乡村连片发展

自2017年全省特色田园乡村建设行动实施以来，苏州特色田园乡村建设工作历经了试点建设、面上统筹、示范区建设三个阶段，不断迭代升级、扩大影响。2017年，苏州制定发布了《苏州市特色田园乡村建设实施方案》（苏委办发〔2017〕98号），设定了"到2022年建成70个左右市级特色田园乡村"的创建目标，并建立了"县级培育、市级创建、省级争先"的三级创建模式。2020年，苏州在"点"的基础上，对特色田园乡村建设工作内涵提质扩面。市委办公室、市政府办公室印发《关于统筹推进苏州市特色田园乡村建设的实施方案》，明确"所有村庄分类建设特色田园乡村""集中连片建设特色田园乡村示范片区"，以特色精品乡村为核心，串点连线成片，打造精品示范片区。2021年，苏州进一步以市域一体化协同发展为指导思想，市委、市政府印发《关于打造苏州市特色田园乡村建设"两湖两线"跨域示范区的实施方案》，聚焦重点地区，突破县域行政区划限制，打造各具特色的示范区主题品牌，推动特色田园乡村建设实现跨域连"片"、协同发展，探索更大范围的乡村振兴样板示范区建设。

案例：

昆山南部水乡特色精品示范区建设

昆山南部水乡即淀山湖特色田园乡村示范区总面积27平方公里，共有4个行政村，19个自然村。通过打造"一带，两廊，三区，四核，多点"的总体

结构，将村庄、公共服务点、对外服务点、乡野风景等有机串联，让各类发展要素聚合呈现。示范区从物质空间建设水平的提高入手，提升了农业产业绩效，带动了农民就业及增收致富，各类文化活动也日渐丰富，形成了放大的综合效应。

示范区总体结构规划

（图片来源：《昆山南部水乡特色精品示范区规划》）

示范区建设成效

（图片来源：《昆山南部水乡特色精品示范区规划》）

案例：

环阳澄湖特色田园乡村跨域示范区建设

环阳澄湖特色田园乡村跨域示范区整合片区特色产业资源及发展重点，打造了在产业、文化、景观上各具特色的7个乡野单元，差异互补、同向发力，并与城市功能统筹融合。通过一系列建设，环阳澄湖地区的乡村空间品质明显提升，实现了从风貌到产业的联动振兴发展。

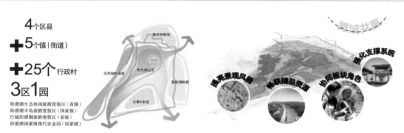

示范区总体结构规划

（图片来源：《"环阳澄湖"特色田园乡村跨域示范区规划》）

示范区建设成效

（图片来源：闾海《江苏乡村规划建设实践与思考》主旨报告）

在传统村落保护利用方面，苏州结合自身传统村落布局集中连片的资源优势，探索传统村落集中连片保护利用机制。吴中区成为江苏首个入选的国家传统村落集中连片保护利用示范县。

案例：

吴中区传统村落集中连片保护利用

保护方面，开展传统建筑（组群）调查及申报认定工作；重视碧螺春制作技艺的遗产申报工作和系统保护基地建设；建设吴中"非遗"数字平台建设，收录66个"非遗"代表性项目、150名传承人、11个保护基地；大力推进生态保护修复和传统建筑修缮等基础性工作。

利用方面，推进洞庭山碧螺春茶、东山白沙枇杷、西山青种枇杷等特色农产品建设；建成蓝园·舟山村文旅产业园并投入使用，吸引近500家工作室入驻，实现线上销售额约2.5亿元，总产值超4亿元；初步形成陆巷、三山岛、明月湾等多个民宿集聚区，打造一批特色旅游线路、打卡胜地；举办苏州"环太湖1号公路"马拉松、"中国杯"国际定向越野巡回赛等大型赛事活动，提高人气；开展国家第二批生态环境导向的开发（EOD）模式试点，助力吴中区蝉联全国市辖区GEP（生态系统生产总值）首位，吸引投资387亿元。

吴中区特色民宿

（图片来源：《留住乡亲、护住乡土、记住乡愁——苏州吴中区传统村落集中连片保护
利用示范工作一周年回顾与思考》）

机制方面，发布专项资金管理办法、资金使用细则、农房建设管理办法等进行大力支持；开展吴中区传统村落集中连片保护，利用圆桌论坛以及研学类活动、传统技艺传承活动、中国苏州太湖洞庭山碧螺春茶文化节等加强交流；利用抖音、微信、微博、央视、小红书等新媒体平台进行宣传，形成持久的品牌影响力。

苏州太湖生态岛农文旅绿色低碳融合发展EOD示范项目

（图片来源：《留住乡亲、护住乡土、记住乡愁——苏州吴中区传统村落集中连片保护
利用示范工作一周年回顾与思考》）

吴中区开展各类相关活动

（图片来源：《留住乡亲、护住乡土、记住乡愁——苏州吴中区传统村落集中连片保护
利用示范工作一周年回顾与思考》）

泰州：分类引导乡村风貌特色塑造

泰州作为苏中地区多样化乡村风貌的代表，涵盖了里下河湖荡风貌、通南高沙土平原风貌以及沿江滩条带风貌。依托这一基础，泰州将乡村风貌改善作为提升农民住房条件的切入点。首先联合江苏省规划设计集团、东南大学、南京林业大学对泰州里下河、通南地区和沿江圩区不同建筑风格进行细致研究，编制《泰州市乡村风貌建设指南》，设计了一批彰显泰州特色的乡村建筑样式，为村民新建、翻建房屋提供实用性指南。[1] 在指南引领下，一方面编制《泰州农房设计图集》供农民免费选用，提高农房设计水平；另一方面开展泰州农房设计大赛和最美农房评选，形成一批优秀设计方案并付诸实施。通过一系列工作，泰州在乡村建设中兼顾了农房单体的个性特色和村庄院落、农房组团等空间的整体效果，形成了具有泰州地域特色的新时代民居范式。

《泰州市乡村风貌建设指南》(左)、《泰州农房设计图集》(右)

(图片来源：《泰州市乡村风貌建设指南》)

案例：

泰州出台文件分区引导乡村特色风貌塑造

在《泰州市"两田一湖"特色田园乡村示范区建设行动计划（2022—2025年）》（泰田园组〔2022〕2号）的工作内容部分，专门提出"展现乡村特色风

---

[1] 泰州市特色田园乡村建设工作领导小组办公室.2021年特色田园乡村建设工作汇报。

貌"任务及"着力强化村庄和农房的特色风貌塑造"的要求,并进行了具体的分区引导。

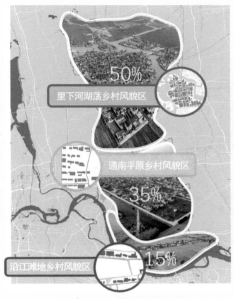

市域乡村风貌分区图

(图片来源:《泰州市乡村风貌建设指南》)

　　垛田示范区内村庄要注重盘活村内闲置空间,增加活动场地,放大窄街巷内部节点,增加绿化覆盖水平,统一屋顶、院墙和门楼等元素,协调邻水空间与建筑的关系,公共建筑外置,增加外围停车场。

里下河湖荡乡村风貌

(图片来源:《泰州市乡村风貌建设指南》)

溱湖示范区要注重道路系统的梳理，建立功能分区和主次道路秩序，扩大青砖墙等传统元素的覆盖范围，消除过浓的欧式风格和过艳的房屋色彩，整治家前屋后小菜园，增加乡土树种和有色花树。

通南平原乡村风貌

（图片来源：《泰州市乡村风貌建设指南》）

圩田示范区要注重打通各条带间的联系，串联各处公共空间，充分利用闲置建筑增加公共服务功能，统一建筑院墙与门头，加入传统建筑元素，通过宅前屋后的小菜园协调房屋与前后水系的关系；同时要注重绿色节能技术设施与农房的一体化设计，确保农房与乡村环境相适应，探索形成具有地域特点、乡土特色、时代特征的民居范式。

沿江滩乡村风貌

（图片来源：《泰州市乡村风貌建设指南》）

（三） 宿迁：集成多方力量，因地制宜改善农民群众住房条件

　　宿迁是江苏经济社会相对落后的地区，在农房改善行动中结合自身特点，着力探索多方参与、经济集约的乡村建设路径。一方面，根据实际情况灵活选择"统规代建""统规自建"等不同组织方式，采取政府主导或市场参与等模式开展新型农村社区建设；另一方面，全面贯彻集约节约的建设理念，根据现状建设基础针对性地采取合理的建设对策，宜新建则新建、宜改建则改建，不做大动作实现好效果，为经济欠发达地区的乡村建设提供了良好的经验借鉴。

案例：

统筹公共资源，整体推进农房项目建设

　　宿迁市宿城区蔡集镇牛角村牛角淹，老村建筑布局分散，建于20世纪八九十年代的一层砖木结构瓦房203户，其中质量较差的158户。建设过程中，对村内建筑质量较差、楼房较少、布局相对松散的区域局部拆除，原址就地新建民居。该项目由宿城区农房办牵头，统筹省级专项资金及各条线项目建设资金，制订搬迁补偿及建设标准，主导规划设计及相关产业项目落地，委托区众安集团（区属平台公司）代建，采用"拆旧建新、原址改善"的方式，局部整体拆除、就地新建，保留改造188户，整体新建115户，插建70户。镇政

牛角淹新型农村社区

（图片来源：人民日报.马海峰摄）

府及村委会在开展村民意愿调查的基础上，做好村民工作，协调搬迁、过渡、选房等工作。项目建设过程中采取"设计师负责制"，通过设计团队驻场服务，与政府、村集体、村民代表、施工团队组成联合工作组，高效推进建设工作。

案例：

引入市场主体，塑造农房新风韵

宿迁市与浙江蓝城公司签订战略合作协议，通过引进优质房产开发和建设单位，形成了一批有特色、有亮点的高质量农房改善项目。在保证建设质量的前提下，加强成本管控，降低农民群众改善住房条件自筹负担水平。以泗阳县爱园镇松张口新型农村社区，作为蓝城公司统规代建的第一批农房，户型设计上参照别墅造型进行简化、降低标准，选择平替建材以降低建设成本，总体造价仅为1990元/平方米，形式简朴而又不失韵味。

松张口村新型农村社区

（图片来源：网易新闻《5万元的中式院落美成一幅山水画，别人老家的房子长成这样！》）

案例：

"没有大动作的刘圩示范了什么"

2018年以来，宿城区耿车镇刘圩村紧扣"水美刘圩、田园风貌"理念，以"不大拆大建、不逼百姓上楼、不破坏村庄原有风貌"为原则推进农房改善项目。在推进项目实施的过程中，注重保留原汁原味的四大乡村特色。

一是保留水圩特点。刘圩地势平坦，村庄内沟渠河塘环绕，构成天然的

"8"字形水系，这是传统水圩村落的旧貌遗留。刘圩在建设过程中围绕水圩文化，梳理水系、整治驳岸、连通节点、恢复水质，达到了水圩特色再现的目的。

二是保留历史遗存。刘圩注重深挖村庄资源禀赋，加强对唢呐艺术、刘圩柳编等非物质文化遗产的保护和利用，精心复原，塑造传统、古朴、亲切的村庄氛围。村中遗留下来的许多带有历史印记的旧磨盘、石槽等生活遗存都被合理利用。

三是保留乡土植物。刘圩乡土树种资源丰富，有柿树、桃树、枣树、樱桃、核桃树、石榴树、李树、樱花、桂花、泡桐、榆树、杨树、柳树、紫薇、紫叶李等。项目建设中，刘圩注重对乡土树种的保护，特别是对百年榆树、柘树、金银花等珍贵树种的发现和保护，并对村内树种进行挂牌，形成村庄内的植物科普园。

四是保留乡贤文化。刘圩是一个乡贤辈出的村庄，有保家卫国的铁血军人，有一生执教的人民教师，有钻研学术的专家学者。刘圩对所有乡贤的生平事迹进行充分挖掘，树碑立传，建立乡贤馆对外展示。

刘圩村建设成效

（图片来源：光明日报《苏北村庄亮堂起来了——喜看江苏改善农房推进乡村振兴的生动实践》）

专题2：
苏北农房改善成效与农民意愿调查

执 笔 人：崔曙平　富　伟　卞文涛

完成单位：江苏省城乡发展研究中心

为深入贯彻落实习近平总书记"要大力支持苏北发展，让老区人民过上美好生活"的嘱托，2018年8月31日，江苏省委、省政府印发了《关于加快改善苏北地区农民群众住房条件推进城乡融合发展的意见》（苏发〔2018〕19号），大力推动苏北地区农民群众住房条件改善。三年来，在省、市、县（区）、乡镇（街道）各级党委政府和村两委及广大人民群众的共同努力下，逾三十万户苏北地区农民群众住房条件得到了显著改善，建成了一批承载乡愁记忆、体现现代文明、"内外兼修""神形兼备"的新型农村社区，解决了苏北农民群众急难愁盼的住房问题，更推动了乡村综合振兴取得阶段性成效。

为加强对农房改善工作决策部署的动态跟踪和评估，在2018年苏北农房改善调查基础上，于2021年在苏北农房改善工作即将收官之际，由苏北农房改善省级推进办综合组组织，省乡村规划建设研究会统筹，省城乡发展研究中心联合厅信息中心等单位组成调查团队，组织开展苏北地区农民群众住房条件改善调查。历时4个月，调查团队抽样完成了苏北五市35个县（市、区）（涵盖了33个涉农县市区）、77个乡镇（街道）、81个行政村、84个不同类型自然村样本的实地调查，对894户不同类型农户进行了访谈（图3-0-1）。

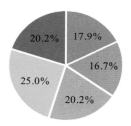

徐州　连云港　淮安　盐城　宿迁
不同城市样本村庄

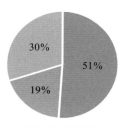

新型农村社区　就地新建翻建村庄　未改善村庄
不同改善方式样本村庄

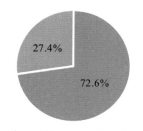

2018年调研村庄　非2018年调研村庄
不同调查基础样本村庄

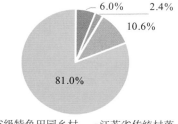

省级特色田园乡村　江苏省传统村落
经济薄弱村　一般村庄
不同类型样本村庄

图 3-0-1　实地调查数据图

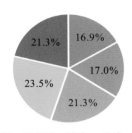

▪徐州 ▪连云港 ▪淮安 ▪盐城 ▪宿迁

不同城市样本农户

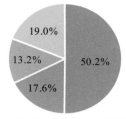

▪通过搬入新型农村社区改善的农户（含四类重点对象）
▪通过规划发展村庄就地新建翻建的方式改善的农户（含四类重点对象）
▪通过进城入镇方式改善的农户
▪未进行改善的农户（未列入本轮农房改善行动的农户）

不同改善方式样本农户

图 3-0-1 实地调查数据图（续）

注：本专题未注明数据来源，图表信息均为根据调查数据绘制。

一、农房建设情况

 农房质量安全

农房结构，改善后的农房结构包括砖混结构（79.2%）、框架结构（19.4%）和砖木结构（1.4%），其中砖木结构均为农户自主就地新建翻建的农房。与改善前相比，砖木结构农房减少了48.3%；砖混结构和框架结构分别增加了34.6%和17.3%（图3-1-1）。

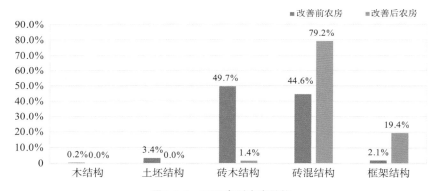

图3-1-1 不同类型农房结构

抗震设施，有96.8%的农户农房采用了抗震措施，具体做法包括设置构造柱、圈梁、现浇板等。其中，新型农村社区农房均按照国家和省级抗震设防要求[①]采取抗震措施。与2018年数据相比，样本行政村设置构造柱、圈梁和采用现浇板（楼板）的农房占比分别增加14.3%和4.9%，农房建设更加注重抗震安全（图3-1-2）。

[①] 国家规范：《建筑抗震设防分类标准》GB 50223—2008、《建筑抗震设计规范》GB/T 50011—2010（2016版）、《住宅工程质量通病控制标准》DJG 32/J16—2014、《建筑物抗震构造图》苏G02—2011"。

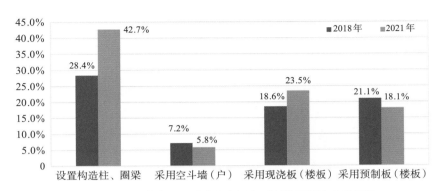

图3-1-2 2018年与2021年相同调查行政村抗震措施应用情况

绿色节能，77.3%的农户改善农房采用了绿色节能措施，更加关注建筑朝向、通风、采光、遮阳等条件，主动运用可再生能源、屋面隔热保温等节能技术。其中，新型农村社区农房全部采用绿色节能措施。与2018年的数据相比，行政村内安装太阳能热水器和采取屋面隔热保温、南立面遮阳节能技术的农房分别增加了9.3%和6.5%。有的村庄在农房建设中还引入太阳能供电等新型绿色节能技术（图3-1-3）。

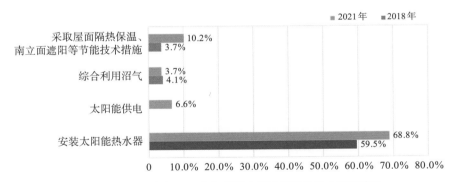

图3-1-3 2018年与2021年相同样本行政村绿色技术应用情况

设计建造方式，有85.3%的农户改善农房采用了政府图集或由专业单位设计的图纸，其中新型农村社区农房采用率为100%，就地新建翻建农房采用率为83.8%。样本自然村中采用代建方式的农房占比为75.8%，其中已建成的新型农村社区均采用委托代建模式，就地新建翻建农房采用率为16.8%。与2018年数据相比，农房委托代建占比上升了57.4%。更有82.9%的县（市、区）在新建农房项目中引入了EPC、全过程工程咨询等新型建设模式。农房设计建造更加专业，农房质量更加有保障（图3-1-4）。

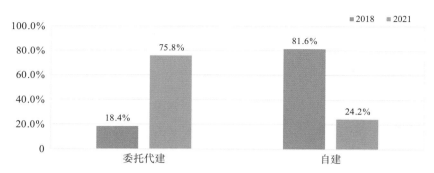

图 3-1-4　2018年和2021年农房建设模式统计图

工程质量监督，搬入新型农村社区的农户都不同程度地参与到设计建造和管理环节中，其中，搬入新型农村社区的农户全部参与了农房设计方案的选择，82.2%的农户参与了施工过程的监督。除此之外，新型农村社区在建造过程中还聘请了专业的监理单位。

（二）农房户型功能

户型面积，改善后的住房面积多为101～150m²，未改善的农房住宅面积200m²以上较多（图3-1-5）。改善后的农房基本都是南北通透户型，满足自然通风、四季采光和夏季遮阳等住宅设计规范的要求，并科学合理设置食、寝、厨、卫等功能空间，以及相对独立的农具和农作物的收储空间等。

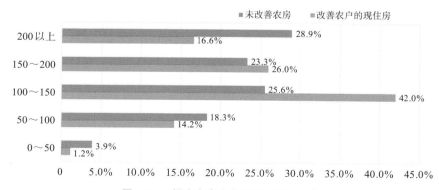

图 3-1-5　样本农户住房面积（单位：m²）

设施配套，99.3%的改善后农房室内新增了现代功能，其中与原住房相比，84.6%的农房新增了水冲式厕所，63.0%的农房新增了通信网络，59.3%的农房新增了水电气入户（图3-1-6）。

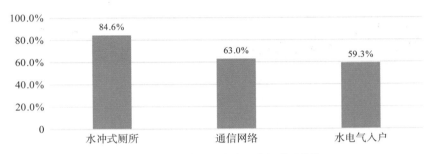

图3-1-6　样本农户新建农房室内新增设施情况

 农房地域特色

据调查，苏北各市在省级层面印发的《苏北传统民居调查案例选编》《江苏省农房设计方案汇编》《江苏省苏北地区农房设计指引》等系列技术指引和设计图集基础上，编制了实用的、有地域特色的农房案例汇编，引导基层注重传统乡土建筑要素的保存和延续，彰显乡村地域特色风貌。在农房改善项目中，苏北各市将地域特色彰显作为农房改善的重要任务，在规划设计中注重协调农房与传统建筑、周边环境的关系。据调查，有97.6%的行政村对农房高度、造型、色彩和间距等提出了明确的管理要求（图3-1-7、图3-1-8）。

图3-1-7　荷花荡新型农村社区农房依水而建，采用青灰色的硬山顶形式

（图片来源：地方政府提供）

图3-1-8　花吉、恒东新型农村社区农房延续了"白墙黛瓦、小飞檐、小套窗"的
里下河地区建筑风貌

（图片来源：地方政府提供）

（四）农房改善成本

　　改善成本，迁入新型农村社区的农户改善成本最低，就地新建翻建农户和进城入镇农户改善成本相当。迁入新型农村社区、就地新建翻建农房和进城入镇的受访农户平均每户改善成本分别为4.3万元/户、23万元/户和24.1万元/户。同时，各地按照苏北农房改善的工作导向要求，将农房改善与脱贫攻坚相结合，通过政策重点倾斜支持，确保了经济薄弱村、低收入农户和房屋质量较差农户优先实施住房建设改造，确保建档立卡低收入农户、低保户、贫困残疾人家庭的住房条件改善需求得到保障，对特别困难的农村分散供养人员实现了托底安置。

二、村庄建设情况

 基础设施

道路设施，样本自然村达户道路硬化率达95.6%，较2012年（55.3%）与2018年（94.0%）苏北村庄平均水平分别提升约40和2个百分点。过去因泥土路、"坑洼路"所产生的出行不便等问题得到较好的解决，苏北农民出行更加便利。道路附属设施配套完善，样本自然村主要道路路灯覆盖率达90.2%，较2018年平均水平（73.4%）提升约17个百分点。所有的样本新型农村社区均配建公共停车位，其中46.5%的社区在公共停车位上设置了电动车充电桩（图3-2-1）。

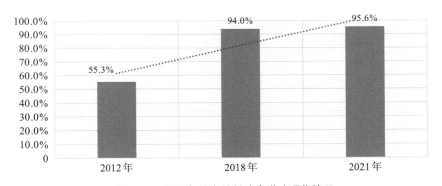

图3-2-1　不同年份自然村达户道路硬化情况

供水管网，自然村自来水入户率已达到99.9%，较2012年（90.8%）与2018年（94.0%），苏北村庄平均自来水入户率分别提升约9和6个百分点（图3-2-2）。

污水设施，村内建有污水处理设施的样本自然村占比为82.35%，较2012年[1]

---

① 2012年村镇统计年报数据。

（14.63%）与2018年①（37.80%）苏北地区村庄平均水平分别提升约68和45个百分点。新型农村社区实现污水处理全覆盖，其中社区建有污水处理设施的占93.0%，将污水纳入城镇管网的占7%（图3-2-3）。

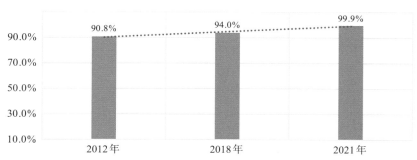

图3-2-2　不同年份自然村自来水入户率比例

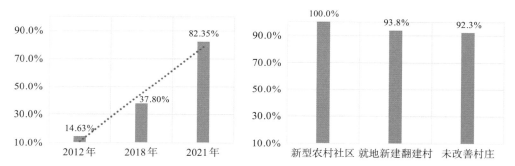

图3-2-3　不同年份本村建有污水处理设施的村庄比例（左图）
三种类型调查自然村中污水处理集中处理村庄比例（右图）

垃圾收运，97.6%的调查自然村已纳入城乡垃圾收运系统。生活垃圾分类也得到积极引导，特别是新型农村社区垃圾分类覆盖率达到100%。更有45.9%的样本自然村开展了有机垃圾源头处理工作，以集中堆肥的处理方式为主。其中新型农村社区更是积极采用有机垃圾机械化处理设施、秸秆太阳能沼气循环利用等方式促进有机垃圾源头处理（图3-2-4）。

另外，自然村电力、有线电视、通信网络、宽带等已实现了全覆盖，较2012年苏北地区平均水平有明显提升（图3-2-5）。82.4%的自然村配建了公共厕所，较2018年（74.6%）苏北地区平均水平提升了约8个百分点。新型农村社区公厕已实现全覆盖。

①2018年村镇统计年报数据。

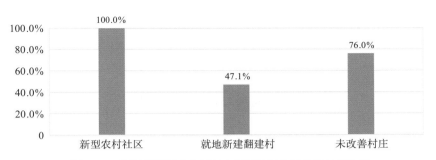

图3-2-4　不同类型调查自然村中开展生活垃圾分类村庄比例

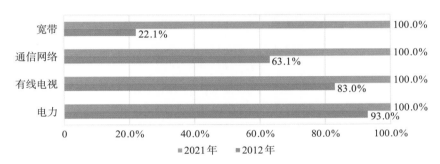

图3-2-5　不同年份电力、有线电视、通信网络与宽带覆盖率

 公共服务设施^①

商贸设施，自然村内小卖部基本实现全覆盖，较2012年平均水平（44.7%）有大幅度提升。在农资站与农贸市场配建方面，改善村庄配套比例相对较高（图3-2-6）。

物流设施，64.7%的自然村设立了快递点。其中设立快递点的新型农村社区比例达到81.4%，远高于就地新建翻建村庄（50.0%）与未改善村庄（46.2%）。

医疗设施，90.7%的自然村配有村级医务室，较2012年平均水平（71.1%）提升约20个百分点。新型农村社区、就地新建翻建村庄和未改善村庄配有村级医务室的比例分别达到100%、80.8%和87.5%。基层医疗卫生机构的覆盖面进一步扩大。

①2018年苏北农房调查未涉及公共服务设施，因此，本报告公共服务设施部分主要与2012年江苏乡村调查数据对比。

养老设施，有11.8%的村庄建有乡村敬老院，较2012年村庄平均水平（9.6%）提升约2个百分点。同时，有38.8%的村庄提供居家养老服务（图3-2-7）。

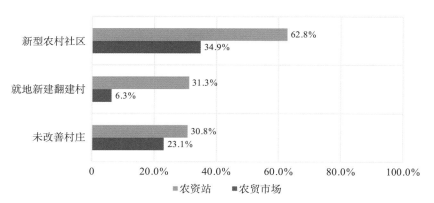

图3-2-6 不同类型样本自然村中农资站、农贸市场覆盖率

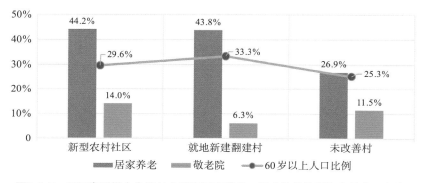

图3-2-7 不同类型样本自然村中配有居家养老、敬老院的比例与老龄人口占比

教育设施，配建有教育设施的自然村占比约为57.6%，较2012年占比（28.1%）提高约30个百分点。16.3%的新型农村社区建有小学，30.2%的新型农村社区建有幼儿园，教育基础设施配置满足国家和省定标准[①]（图3-2-8）。

文体设施，92.9%的自然村建有户外体育健身活动场地等，其中新型农村社区与就地新建翻建村健身活动场均实现全覆盖。88.2%的村庄配建有文体活动场所，较2012年平均水平（67.5%）提升约21个百分点（图3-2-9）。

---

① 根据省政府办公厅关于印发《江苏省义务教育学校办学标准（试行）》的通知对学校设置提出要求，"原则上1万至2万人设1所完全小学，2万至4万人设1所初级中学，必要时可设置分部或教学点。"

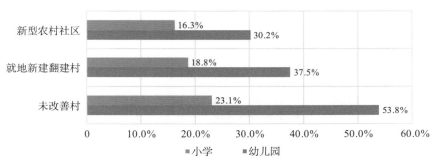

图3-2-8　不同类型样本自然村中幼儿园、小学覆盖率

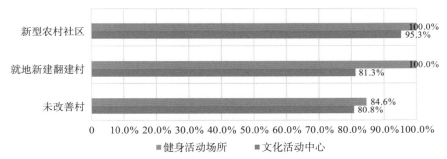

图3-2-9　不同类型样本自然村中文化活动中心、健身活动场所覆盖率

 **风貌特色**

空间格局，新型农村社区在设计建设过程中，尊重乡村与自然的有机相融关系，保护乡村自然生态基底，顺应河流、山体、植被的自然边界，合理控制村庄建设高度和规模。大多以"化整为多"的设计手法，依托原有村庄空间结构，采用组团式空间布局（图3-2-10、图3-2-11）。

图3-2-10　获BLT建筑设计大奖的宿迁松张口新型农村社区

（图片来源：地方政府提供）

图 3-2-11　入选"奋进新时代"主题成就展的涧河新型农村社区

（图片来源：地方政府提供）

　　延续文脉，高度重视保护传统村落，尊重与传统村落相生相依的自然景观环境，保持村落传统风貌格局，传承乡村历史文脉。27.9%的新型农村社区将当地的特色民俗活动与传统技艺变成乡村的魅力与特色，在丰富群众生活的同时，也促进了苏北地域优秀传统文化的传承和发展（图3-2-12、图3-2-13）。

图 3-2-12　获得2021江苏省人居奖的韩口新型农村社区

（图片来源：地方政府提供）

图 3-2-13　江苏省传统村落收成村的新型农村社区

（图片来源：调查组拍摄）

　　特色空间，结合乡村公共设施的建设布局，合理保留村中资源，为村民建设、营造具有乡土特色的公共空间（图3-2-14）。79.1%的新型农村社区在村内集中或在农户宅前院内预留了小微菜地，户均菜地面积约为20.1 m²。

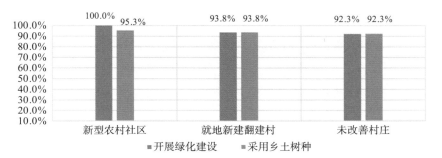

图3-2-14　三种类型自然村中开展绿化建设与采用乡土树种村庄占比

（四）乡村治理

治理空间，党群服务中心已实现行政村全覆盖，样本村中有86.3%的自然村为党群服务中心所在地。93.0%的新型农村社区除建有党群服务中心外，还建有新时代党建文明站等服务载体（图3-2-15）。80.0%的自然村配备有警务室，并设置了固定的办事与值班管理人员岗位。其中86.1%的新型农村社区和75.0%的就地新建翻建村庄配备有警务室，均高于未改善村庄配置比例，乡村治安保障得到加强，行政服务更加便利（图3-2-16）。

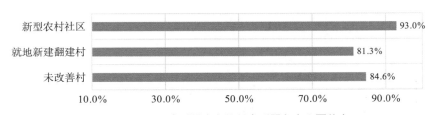

图3-2-15　不同类型样本自然村党群服务中心覆盖率

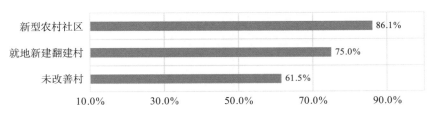

图3-2-16　不同类型样本自然村警务室覆盖率

管理机制，98.0%的自然村制定了村规民约，其中新型农村社区制定村规民约比例已达97.7%。各地因地制宜，探索多样化的村庄环境管理方式。45.9%的自然村引入了第三方物业管理机构。其中，新型农村社区物业服务覆盖率比例高达60.5%，分别高出就地新建翻建村庄（18.8%）和未改善村庄（38.5%）约42个和22个百分点。

三、村庄经济发展情况

 村庄产业

产业配套，样本新型农村社区均有配套产业项目，地点有位于本村、临近村庄或镇区三种情况，其中产业项目位于本村的占比较高，达到81.40%（图3-3-1）。

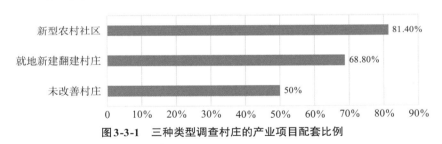

图3-3-1 三种类型调查村庄的产业项目配套比例

产业类型，样本行政村中现有产业项目317个，其中特色种养类155个，工业和农产品加工类66个，产业融合类56个，生产服务类40个，涵盖了设施农业、农产品加工、传统手工业、特色农产品销售等优势特色产业。同时，有45.7%的行政村发展了新兴产业（包括高效农业、乡村旅游、农村电商、休闲康养、新型服务业等），其中依托环境改善发展乡村旅游的村庄占34.6%，依托村庄特色产品发展电商的占22.2%（图3-3-2）。

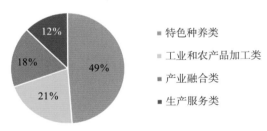

图3-3-2 样本行政村配套产业项目类型及比例

产业效益，农房改善项目实施和产业项目配套，吸引和带动了社会资本注入乡村。据调查，89个配套产业项目共吸纳社会投资162.85亿元，年产值约11.21亿元。其中，新型农村社区的产业配套是吸引社会投入和带动产值增长的主体，份额分别占总体的98.8%和82.2%（图3-3-3）。

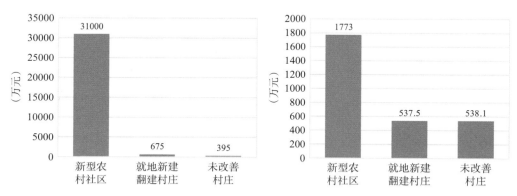

图3-3-3　三种类型行政村产业项目平均获得投资、项目平均年产值（万元）

（二）村级集体经济

集体经营性收入，2021年村集体平均经营性收入为81.7万元，相比2018年调查结果（53.1万元）增长了53.8%。结合产业项目类型分析，苏北地区村集体收入仍主要来源于农业和加工业，但借助农房改善，村庄通过发展新兴产业和盘活集体资产，带动了村集体经济发展。据调查，样本村庄农家乐、电商等新兴产业平均收入为6.8万元。另有51.0%的新型农村社区通过集体厂房出租、55.8%的社区通过商铺出租拓展收入来源（图3-3-4）。

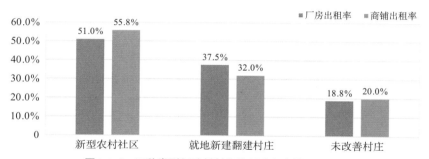

图3-3-4　三种类型行政村村集体厂房与商铺出租情况

（三） 农民就业与收入

就业情况，农房改善在一定程度上为农民群众提供了更多的就业选择，特别是家门口就近就业的机会。71.6%的进城入镇改善农户已在城镇就业。71.4%的改善村庄中有返乡就业创业者，高于其他村庄近14个百分点。新型农村社区配套产业项目共吸纳3309位村民就业。其中，新型农村社区中新增了1411户经商户。

收入水平，2021年调查行政村村民人均纯收入为21032.2元，较2018年平均水平16608.9元增长26.6%，比同期全省农村居民人均可支配收入[①]的增幅[②]高出近11个百分点。受访村民的年收入主要集中在10000～20000元之间和40000元以上两个区间。与2018年调查相比，纯收入30000元以上的农民比例明显增长，由2%上升至37%。纯收入20000元以下的农民比例显著下降，由60%下降至46%（图3-3-5）。一方面原因是农房改善带动了村民的致富增收，参与农房改善的农户户均收入为10.27万元，高于未改善农户（9.45万元）；另一方面原因是各地农房改善结合脱贫攻坚工作实施，实现了原省定贫困户全部脱贫摘帽。

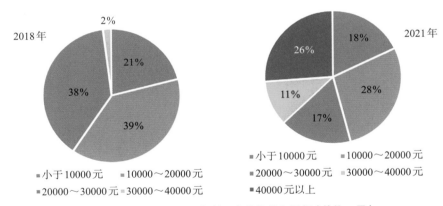

图3-3-5　2018年与2020年村民人均纯收入区间（单位：元）

---

① 此处以农村居民人均可支配收入增幅代替人均纯收入增幅。从2013年开始，国家统计局统一发布全体居民可支配收入和按常住地区分的城乡居民人均可支配收入，与过去口径存在差别。自2016年开始，不再推算发布农村居民纯收入。

② 根据2018年、2020年江苏省国民经济和社会发展统计公报，同期全省农村居民人均可支配收入的涨幅为16.1%。

收入构成，目前村民主要收入来源仍为进城打工（52.6%），但农房改善带来的土地流转和新兴产业发展拓展了村民的收入来源。44.9%迁入新型农村社区的农户通过新兴业态增收，农户占比远高于未改善的农户（9.3%）。另外，有30.9%新型农村社区的农户新增土地经营性收入，农户占比高于未改善农户（27.9%）。

四、总结

　　根据调查，改善后的苏北地区农房结构、功能和品质显著提升，地域特色更加彰显，改善成本基本可负担；通过农房改善，村庄环境更加优美、生活更加便利、活动场所更加丰富、邻里关系更加和谐；村庄新兴业态不断涌现、集体经济实力不断增强、收入来源更加多样；农民群众收入水平显著提升，增收渠道更加多元，拥有了更多的就近就业创业机会。受访农户对农房改善工作的总体满意度达97.7%，对改善后村庄环境的满意度达96.6%（图3-4-1）。并在此基础上，产生了一系列延伸效应。

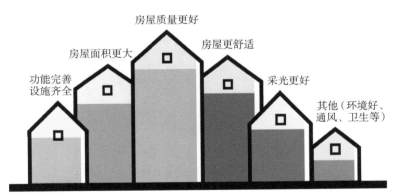

图3-4-1　农户对改善后新房满意原因示意图

（图片来源：调查组自制）

（一）加速城乡关系重构

　　助推新型城镇化发展。共有14.3万户农户通过购房和小城镇安置项目进城入镇居住生活，占改善总量的45.7%[①]，其中71.3%已在城镇就业。农房改善工作助推了区域城镇化发展，苏北地区城镇化率从2018年的63.2%提高到2020年的64.1%[②]。农房改善促进了人口在城乡之间双向流动，55.8%的农户在改善住房的同时就业发生了变化，其中44.3%的改善农户就业地点从乡村变为城镇，11.5%的改善农户就业地点从城市变为乡村（图3-4-2）。

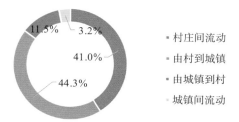

图3-4-2　改善农户家庭就业地点变化

促进资金流向乡村。据对项目资金来源分析，省市财政直接投入164.4亿元，土地指标交易收益343.6亿元，农民购房款129.1亿元，带动社会资本等其他投入183.6亿元，分别占投资总额的20.0%、41.9%、15.7%、22.4%（图3-4-3）。

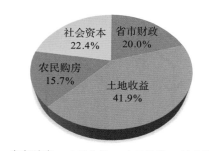

图3-4-3　农房项目资金来源分布

优化城镇空间格局。样本新型农村社区中，有74.4%布局于行政村村部所在地，有90.4%位于本乡镇政府驻地10公里以内。良好的区位条件，使乡村居民能够就近享受优质的公共服务、拥有更多就业机会（图3-4-4）。

---

① 数据来源于苏北地区农房改善信息库数据。

② 数据来源于江苏统计年鉴2021。

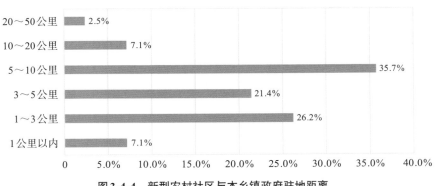

图3-4-4 新型农村社区与本乡镇政府驻地距离

引导村庄适度集聚发展。据样本县数据,目前,苏北地区自然村人口数量平均为465人(约107户),相比2018年自然村平均规模321人,更趋集约。其中,规模在200人以下的自然村占比较2018年下降了约4个百分点。新型农村社区平均人口规模为1741人,较为集约和适宜(图3-4-5)。

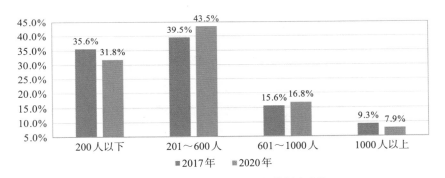

图3-4-5 农房改善前后不同规模村庄占比

(二) 助推县域经济发展

推动特色优势产业发展和农民增收。从经济发展来看,苏北农房改善工作整合资源为产业落地提供了支撑,为农村电商、乡村旅游、休闲民宿、健康养老等新兴产业发展提供了动力,提升了县域经济社会发展的竞争力,带动了村民的增收致富。81.4%的样本新型农村社区拥有产业项目配套,每个就业岗位平均每年为新型农村社区居民带来2.9万元的收入。据税务大数据系统对2021年苏北农房改善工作成效的跟踪分析，2021年苏北县域新办企业户数达9.1万户，实现销售收入1325.8亿元，同比分别增长47.8%和37.3%，两年平均增幅高出全省6个和9.4个百分点。

拉动县域居民消费增长。农房改善项目的推进，促进工商资本把产业、资金、市场带到农村，为乡村发展注入新的生产要素，通过农村挖潜扩大内需，有力推动形成以国内循环为主的"双循环"发展格局[1]。除工程吸引上百亿元的投资外，农房改善也拉动了有关建材采购、住宅装修、家电和汽车等方面的消费。调查显示，改善农户房屋购置成本户均约为4.3万元，装修投入户均约为10.0万元。结合税务大数据系统对2021年苏北农房改善工作成效跟踪分析："2021年苏北县域居民开票消费金额增加至1242.3亿元，同比增长16.5%，两年平均增幅较全省高出0.1个百分点；各类机动车消费金额达277.5亿元，两年平均增长3.9%。"

（三）　强化乡村振兴的人才支撑

锻炼了乡村建设人才队伍。据调查，97.3%的新型农村社区由具有资质的单位设计建造。其中，统建的新型农村社区全部由具有资质的单位设计建造。苏北农房改善工作搭建了良好的平台，带动了设计施工管理等单位和专业技术人员服务乡村，并通过项目实施使城乡建设领域对乡村建设的认识不断深化、业务能力不断增强、工作水平不断提升。

密切了苏北干群关系。苏北干部通过农房改善项目为农民群众干实事，密切了与农民群众的关系，摆脱了传统意识，增强了干事创业的信心。农房改善项目在带动农民生活居住环境改善、增收致富的同时，也促进了村民卫生习惯的养成与改善，激发了农民群众对家园的认同感和自豪感。

---

[1] 数据来源于税务大数据系统对2021年苏北农房改善工作成效跟踪分析。

专题3：
苏南苏中农村住房条件改善意愿和乡村建设现状调查

执 笔 人：罗震东　袁超君
完成单位：江苏省城乡发展研究中心
　　　　　南京大学空间规划研究中心

为深入贯彻习近平总书记关于农村工作重要论述以及对江苏工作重要指示精神，江苏省的农房改善工作始终坚持人民至上的主旨，将农房改善和农村人居环境整治相结合，联动特色田园乡村建设、传统村落保护等工作，全面提升乡村人居环境水平。2018年9月，江苏省委、省政府率先启动了苏北农房三年改善工作，作为江苏省实施乡村建设行动、推进农房现代化建设的重要抓手，经过三年的努力已完成了30万户的住房改善任务。2022年3月，省委、省政府出台《农村住房条件改善专项行动方案》，将工作范围拓展到全省，并提出了细化目标和系列举措。

2022年6—10月，受省农村住房条件改善和特色田园乡村建设联席办公室委托，省城乡发展研究中心联合南京大学空间规划研究中心、东南大学建筑设计研究院有限公司、南京大学城市规划设计研究院有限公司、江苏省城镇与乡村规划设计院有限公司、南京师范大学、南京工业大学、江苏省建筑设计研究院股份有限公司、南京长江都市建筑设计股份有限公司8家科研和设计单位，组成联合调研团队，采取现场踏勘与抽样调查的方式对苏中、苏南8市的农村住房条件、村民农房改善意愿以及村庄建设现状开展调查。结合当前乡村人口与经济社会发展现状，围绕农村住房条件改善工作实施成效进行研究分析，并针对当前工作中存在的困难与问题，提出对策建议。

一、调查概况

 背景与目的

　　江苏省已经进入全面乡村振兴新时代。2021年，全省常住人口总量为8505.4万人，其中城镇常住人口为6288.89万人，乡村常住人口2216.51万人，常住人口城镇化率达到73.94%，已经进入城乡融合发展阶段；全省地区生产总值达116364.2亿元，三次产业结构比例为4.1:44.5:51.4，人均地区生产总值高达137039元，接近2万美元的发达国家门槛。然而，在省域城镇化进入新发展阶段的过程中，南北区域发展的不平衡与不充分问题依然显著，城乡差距依然存在。

　　习近平总书记指出："即使未来我国城镇化达到很高水平，也还有几亿人在农村就业生活。我们全面建设社会主义现代化国家，既要建设繁华的城市，也要建设繁荣的农村。"[1]江苏省十年来持续探索新型城镇化发展路径，开展乡村建设行动，努力解决区域发展的不平衡、不充分问题，全面推进城乡融合、缩小城乡差距。从2011年开始实施的"美好城乡建设行动"，大力推进村庄环境整治，到2017年创新实施特色田园乡村建设行动，2018年启动苏北地区农民群众住房条件改善工作，工作成效得到农民群众的广泛认可、社会各界的高度评价和上级有关部门的充分肯定。

　　基于十余年来良好、扎实的工作基础，2022年江苏省政府召开农村住房条件改善专项行动工作部署会，提出2022—2026年改善全省50万户以上农村住房的新目标。力争2023年6月底前基本完成行政村集体土地上的危房消险解危，2026年底前基本完成1980年及以前农房（农户自身具有意愿的）的改造改善，为履行新使

---

[1] 习近平总书记2021年8月23日至24日在河北承德考察时讲话。

命、谱写新篇章作出更大贡献。

为了做好新一轮的农村住房条件改善工作，江苏省委办公厅与省政府办公厅共同印发《农村住房条件改善专项行动方案》。根据行动方案要求，江苏省农村住房条件改善和特色田园乡村建设联席办公室委托省城乡发展研究中心联合8家科研和设计单位组成调查团队，于2022年6—10月对苏南苏中8市开展了农村住房条件改善意愿和乡村建设现状的调查。旨在详细了解苏南苏中地区的农房和农村建设现状、农户改善住房条件的意愿和需求，同时通过与2012年乡村调查相关数据的对比，客观展现十年来江苏乡村经济社会发展、基础设施、公共服务设施建设等方面的成效，为进一步推动江苏乡村人居环境改善和乡村建设行动的实施提供决策参考。

 调查内容

本次调查工作以农房为核心，采用座谈交流、现场踏勘、问卷调查、入户访谈等多种方式，从"房、村、人"三个方面，全面了解苏南苏中地区农房改善意愿和乡村人居环境建设情况。

1.房——农房建设使用情况

从"县（市）—村庄—农户"三个层面展开调查。

县（市）层面：了解村庄发展水平（城乡人均可支配收入比、农村居民人均可支配收入）、农房建设管理制度（包括宅基地政策、用作经营准入、改扩建审批等）、近年来农房建设相关的资金投入模式、政策创新及实践探索等。

村庄层面：了解农房质量、建设方式、使用状况等，如功能用途（自住、经营）、产权属性（所有、租赁）、使用现状（是否有空关、废弃）、建设方式（统建、自建）、产业发展等。

农户层面：了解房屋质量、建房成本、建设方式、农房结构、使用现状、改善意愿、改善需求、家庭经济情况等。

2.村——村庄建设发展情况

2012年调查样本村庄：关注不同类型村庄十年间的建设发展情况和现在的改善需求。主要对比空间环境、经济发展、社会结构及其需求和认知。

2022年新增样本村庄：关注村庄的发展特色和住房改善需求。主要包括村庄的人居环境面貌、经济发展、社会结构，以及对全省农村住房条件改善工作的认识、需求与推进计划等。

3.人——农户满意度及需求意愿

不同区位条件、农房质量、收入水平、居住方式的农村居民对农房改善内容、建设改造方式的需求与意愿，对农房和村庄环境的满意度，以及在居住、就业、就医、子女就学等方面的需求和选择意愿。

 （三）调查样本

苏南苏中8市现有行政村7031个，自然村72027个，农房约824万户。本次调查选取样本行政村95个，样本自然村97个，样本农户1016位（下文分别称为"样本行政村调查数据""样本自然村调查数据""样本农户调查数据①"）。为了保证本次调查的科学性和实用性，样本村庄的选择遵循以下四个方面的原则：

（1）典型性：样本村庄具有住房改善的现实需求，确保1980年及以前的老旧农房占有一定比例；

（2）延续性：包括2012年乡村调查的58个样本村庄，按照村民改善意愿推荐新增样本村庄39个；

（3）多样性：包括规划发展村69个，非规划发展村28个，并综合考虑了村庄

---

① 经过数据清洗，剔除少量缺损和有误数据，本次报告分析实际所用有效样本农户调查数据为1000条。

区位、经济发展水平、农房布局、整治试点、地形地貌以及村庄特色风貌等方面的差异性。此外，最终样本包括省级特色田园乡村23个，省级及以上传统村落23个；

（4）覆盖度：全覆盖苏南苏中45个县市区，其中苏南地区的乡村58个，苏中地区的乡村39个（图4-1-1）。

● 2012调查样本村
● 2022新增样本村

图4-1-1　2022年农房调查的样本自然村空间分布示意图

（图片来源：作者自绘）

142

（四）调查过程

本次调查前后历时5个多月，大致可分为前期准备、实地调查和成果交流三个阶段。

前期准备阶段：2022年6—8月，由江苏省城乡发展研究中心负责遴选调查村庄、调查团队，拟定调查任务书和计划安排，对接苏南苏中八市做好调查准备工作。

实地调查阶段：2022年8—9月，8支调查团队历时一个多月，走访了苏南苏中45个县市区。共召开8次地级市层面的工作座谈会，45次县市区层面的工作座谈会，97次乡村层面的小型交流会。走访95个样本行政村、97个样本自然村，实地入户访谈农户1016户，发放农户问卷1016份，回收有效问卷1000份。

　　成果交流阶段：2022年9—11月，8支调查团队先后开展中期成果的线上研讨会、线下分组讨论会，提交八市农村住房条件改善意愿和乡村现状调查报告8份、样本村庄案例实录97份。省城乡发展研究中心和南京大学空间规划研究中心汇总全部调查报告，编写完成本报告（图4-1-2～图4-1-5）。

图4-1-2　召开工作座谈会

（图片来源：课题组自摄）

图4-1-3　入户访谈调查

（图片来源：课题组自摄）

图4-1-4 调查问卷、影音、图片及文字资料

（图片来源：课题组自摄）

图4-1-5 样本村庄案例实录

（图片来源：课题组自摄）

二、农房建设现状

（一）总体状况

农房建设年代呈现"中间多、两头少"的特征。根据样本行政村的农房统计数据，苏南苏中地区现存1980—2000年的农房数量最多，占比超过一半，1980年及以前的老旧农房占比9.8%，2000年以来的新建农房占33.1%（图4-2-1）。总体上，江苏省近几年农房条件改善工作实施效果明显，1980年及以前老旧农房总体占比较低。对比规划发展村与非规划发展村，两者1980年及以前的老旧农房占比基本持平，但规划发展村2000年以来新建农房占比更多（图4-2-2）。

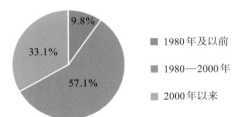

图4-2-1 农房建设年代构成

（数据来源：样本行政村调查数据）

宅基地面积管理有效，现状户均宅基地面积苏南与苏中持平。根据样本农户的统计数据，苏南苏中地区的户均宅基地面积为182m²（低于江苏省宅基地面积管理标准的200m²上限[①]），户均建筑面积为209m²。苏南、苏中这两项指标基本持

[①]《江苏省土地管理条例（2021修订）》中规定："宅基地面积按照以下标准执行：（一）城市郊区和人均耕地不满十五分之一公顷（一亩）的县（市、区），每户宅基地不得超过一百三十五平方米；（二）人均耕地在十五分之一公顷（一亩）以上的县（市、区），每户宅基地不得超过二百平方米。"

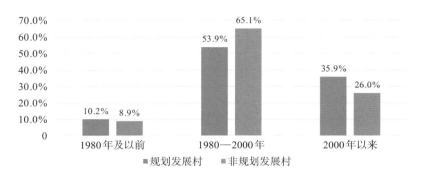

图4-2-2 规划/非规划发展村农房建设年代对比

（数据来源：样本行政村调查数据）

平，其中苏南户均宅基地面积181m²、户均建筑面积211m²，苏中户均宅基地面积182m²，户均建筑面积200m²。由于各市县发展条件不同，执行的宅基地面积管控标准也有所差异。例如，苏州市8个涉农区县就有4种宅基地管控标准，其中张家港市与相城区因面积管控严格，普遍存在翻建意愿不强的现象（表4-2-1）。

苏州市各涉农区县宅基地管理标准 表4-2-1

市（区）	张家港市	常熟市	太仓市	昆山市	吴江区	吴中区	相城区	高新区
宅基地标准（m²）	≤120	≤200	≤200	≤200	小套120 中套170 大套200	≤200	6人以上200/6人以下135	≤200

数据来源：苏州市农村住房条件改善意愿和农房现状调查座谈会议纪要。

常熟市、太仓市、昆山市、吴中区和高新区的宅基地面积基本按照上限200m²控制，而张家港市的宅基地面积控制在120m²以内，相城区按照每户人数是否达到6人而分成200m²、135m²两个标准。吴江区则更为复杂，分为小套（120m²）、中套（170m²）、大套（200m²）三种宅基地标准。苏州市受访样本农户的现状户均宅基地面积为192m²（图4-2-3）。

农房用作经营占比较高。根据样本农户调查数据，1000户受访农户中80户农房为经营用途，其中52户农房用作出租，28户农房用作服务业经营（农家乐、民宿等）。苏中苏南地区农房用作经营性用途的比例高于江苏省平均水平（2.8%[①]）

[①] 根据《全国农村房屋安全隐患情况调查报告》，江苏省农村房屋共1011.4万户，其中用作经营的农村自建房28.3万户，占比约2.8%。

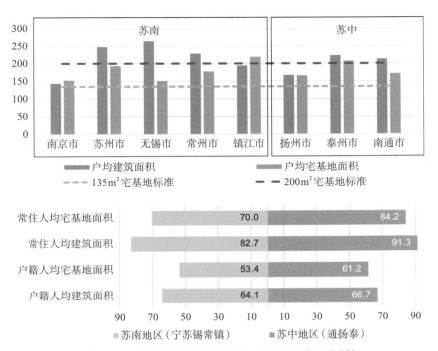

图 4-2-3　户均/人均宅基地面积、建筑面积的区域比较

（数据来源：样本农户调查数据）

和全国平均水平（3.9%[①]）。

　　农户对农房的满意度整体较高。根据样本农户的调查数据，68%的农户对自家农房的整体品质表示满意，其中37%的农户给出了"非常满意"的评价，仅14%的农户表示不满意（图4-2-4）。

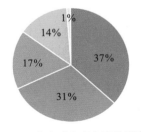

图 4-2-4　农户对自家农房的满意度

（数据来源：样本农户调查数据）

---

① 根据《全国农村房屋安全隐患情况调查报告》，在行政村范围内，全国有860.70万户农村自建房用作经营，约占农村自建房总量的3.9%。

(二) 建设质量

农房建设模式以农民自建为主，使用图纸比例近半。根据样本自然村数据分析，现状农房的自建比例高达88.2%，统规代建占比11.8%，苏州、泰州、无锡的代建比例相对较高（图4-2-5）；根据样本农户数据，现状农房建设以乡土营造为主，受访样本农户在农房建设时使用图纸的比例已近半数（约44%），其中23.2%的农房由建筑工匠提供图纸，8.8%为农户自己找图，另有8.4%农房按照政府提供图纸来建造（多集中于近年来政府统规代建类农房项目）（图4-2-6）。

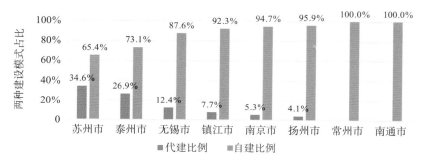

图4-2-5 现状农房建设模式

（数据来源：样本自然村调查数据）

图4-2-6 建设图纸来源

（数据来源：样本农户调查数据）

农房高度以二层为主，结构以砖混为主。根据样本自然村的调查数据，现有农房中66.8%为二层楼房。一层平房占比20.3%，主要分布于扬州、南京、泰州三市；三层楼房占比12.3%，主要分布在无锡、苏州和常州等地（图4-2-7）。与《全国农村房屋安全隐患情况调查报告》相关指标对比，二层楼房比例显著高于全国水平（图4-2-8）。

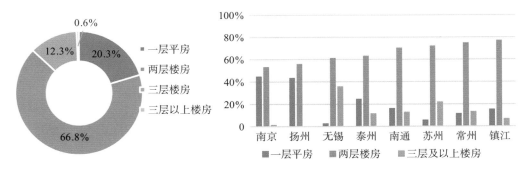

图4-2-7　农房层数构成（左）及八市农房高度分布（右）

（数据来源：样本自然村调查数据）

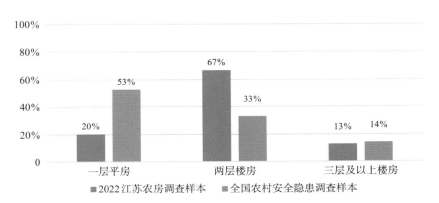

图4-2-8　农房层数构成与全国对比

（数据来源：样本自然村调查数据，《全国农村房屋安全隐患情况调查报告》）

　　农房结构方面，根据样本行政村调查数据，93%的农房为砖混或砖木结构（砖混占比78%，砖木占比15%），6.9%为钢混结构。与《全国农村房屋安全隐患情况调查报告》相关指标对比，砖混或砖木结构的农房占比大幅高出全国水平（53%），而土坯房和木结构已基本消失（图4-2-9）。

　　预制板、空斗墙仍占据主流，60%以上农房达到6级以上抗震水平。样本行政村的农房中有37.1%采用预制板，26.3%采用空斗墙，设置构造柱、圈梁的占比约18%，采用现浇板楼板的占比约16%。苏州、南京、泰州、扬州、镇江等市设置构造柱、圈梁的农房相对采用空斗墙的更多；泰州、扬州、南通采用现浇楼板的农房相对较多，而其余五市农房更偏向采用预制板。在抗震水平方面，样本行政村中60%以上的农房达到6级以上抗震水平（图4-2-10、图4-2-11）。

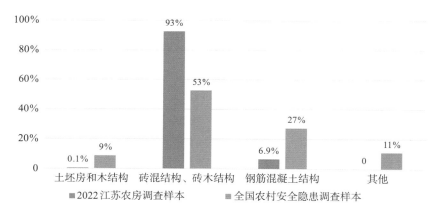

图4-2-9　农房结构类型与全国对比

（数据来源：样本行政村调查数据，《全国农村房屋安全隐患情况调查报告》）

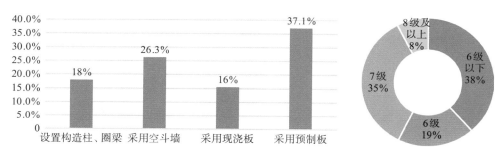

图4-2-10　农房抗震措施（左）及抗震等级（右）

（数据来源：样本行政村调查数据）

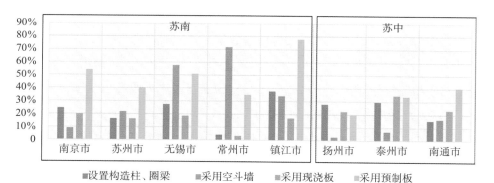

图4-2-11　八市采用的农房抗震技术类型构成

（数据来源：样本行政村调查数据）

（三）户型功能

农房户型面积差异较大，100～200m²户型占比最高。根据样本农户调查数据，现状农房户型面积主要集中分布在100～300m²区间内，占总调查户数的74%，其中100～200m²区间占比最高，达39%。苏南地区200m²以上的户型占比达到47.1%，总体上略高于苏中地区（43.2%)（图4-2-12）。

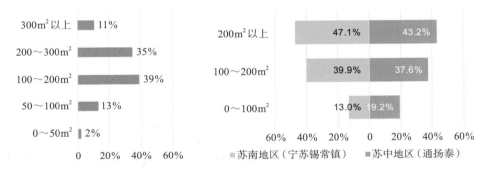

图4-2-12　户型面积区间统计（左）及地域差异（右）

（数据来源：样本农户调查数据）

农房内部分区明确、功能齐全。农房一般为三开间，中为会客堂屋，两侧为卧室及厨房，客厅、餐厅、卧室、厨房、卫生间一应俱全，庭院空间用于晾晒、花圃及储物功能。单层平房具备最基本的厅、餐、厨、卧等功能，厨房兼有土灶和现代化厨房设施，一些老旧民居的卫生间设于室外辅房内；两层及以上的多层农房，首层大多为客厅（堂屋）和餐厨，卧室设于二、三层，通常有多个卫生间设置于室内，室外辅房主要作为土灶厨房或储藏室。辅房与主要生活空间相互独立，承担储物、车库、厨房、卫生间等功能，部分还兼有养殖、手工等生产功能（图4-2-13、图4-2-14）。

农房现代化设施覆盖率较高。根据样本自然村调研数据，农房内部空调、淋浴、水冲式厕所等现代化设施覆盖达90%以上，高于2021年江苏省乡村建设评价样本村相关指标（图4-2-15）；宽带网络接通率为96.8%，自来水入户率达100%，燃气入户率达38.6%（图4-2-16）。苏南地区新建的集中居住区燃气入户率较高（图4-2-17）。

建设年代	宅基地面积	建筑面积	房屋结构	外墙形式	院落形式
20世纪80年代	260m²	135m²	砖混结构	砖墙粉刷	围合式

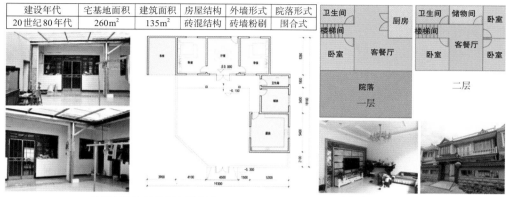

扬州市沙头村单层农房户型　　　　　泰州市兴化市管阮二层农房户型

图4-2-13　苏中地区典型农房户型

（图片来源：课题组自摄、自绘）

苏州市开弦弓村自建两层农房户型

苏州市吴桥村统建两层半农房户型

图4-2-14　苏南地区典型农房户型

（图片来源：课题组自摄、自绘）

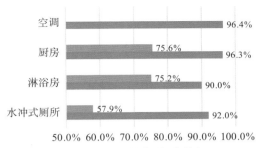

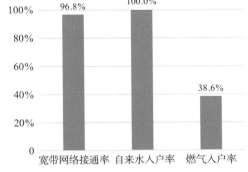

图 4-2-15　农户室内设施　　　　图 4-2-16　自然村水、气、网络设施入户率

（数据来源：样本农户调查数据、《2021年乡村建设评价报告——江苏省报告汇编》）

图 4-2-17　昆山市吴家桥村（集中翻建）的入户燃气管、生活污水处理设施及村庄面貌

（图片来源：课题组自摄）

三、村庄建设现状

 经济社会发展

产业多元化趋势明显，农民增收渠道拓宽。依据样本行政村问卷数据分析，八市乡村产业类型多元化趋势明显。具有传统种植业的村庄占比为77.3%（图4-3-1），涉及工业、建筑业、电商、物流业、乡村旅游业等二三产业的村庄占比也已达到52.1%。江苏乡村在传统农业稳定发展的基础上，积极承接技术、资本、人才等要素的辐射和回流，二三产业蓬勃发展。据自然村问卷数据，耕地流转率已达到72.4%，农民增收的渠道更加多元（图4-3-2）。受访样本农户家庭人均年收入约28670元，是2012年乡村调查时人均年收入的2.1倍。

图4-3-1 样本行政村主要产业类型分布

（数据来源：样本行政村调查数据）

乡村老龄化特征显著，进入"人口负债"时期。根据样本自然村数据，八市乡村常住人口中"0～14岁、15～64岁、65岁及以上"三个年龄段的结构比为：

154

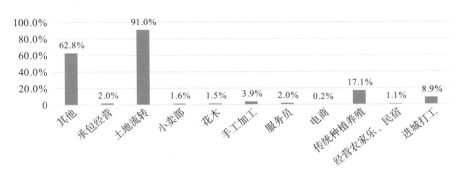

图4-3-2　样本农户收入来源分布

（数据来源：样本农户调查数据）

10：62：28（图4-3-3），老龄化率接近30%，抚养比[①]达到62.40%。相较于2012年53.64%的抚养比，总抚养比进一步提高，已进入"人口负债"时期，对乡村养老、医疗设施提出更高需求。

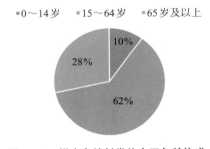

图4-3-3　样本自然村常住人口年龄构成

（数据来源：样本自然村调查数据）

（二）基础设施建设

十年来，乡村基础设施建设成效显著，乡村生活便利度大大提升。根据样本自然村数据分析，自来水入户和垃圾收运已经实现全覆盖，道路硬化、照明设施

[①] 抚养比又称抚养系数，指在人口当中，非劳动年龄人口对劳动年龄人口数之比。抚养比越大，意味着劳动力的抚养负担越严重，当人口总抚养比超过60%时为"人口负债"时期。江苏省统计局对农村劳动适龄人口的划分为：男16～59岁，女16～54岁。

155

和互联网覆盖率均已超过90%，污水处理设施、公交车站、公厕、垃圾分类覆盖率均已超过70%，相较2012年得到全面提高（图4-3-4），村民日常生活便利度较十年前显著提升。此外，规划发展村的基础设施覆盖度全面高于非规划发展村（图4-3-5）。

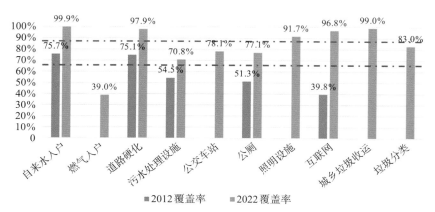

图4-3-4　2012-2022十年间调研样本村庄基础设施覆盖情况对比

（数据来源：样本自然村调查数据）

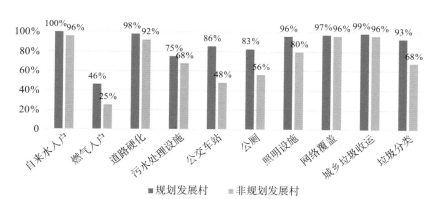

图4-3-5　规划发展村与非规划发展村基础设施覆盖情况对比

（数据来源：样本自然村调查数据）

(三) 公共服务设施建设

公服设施配套愈发完善，教育、养老、医疗设施城乡配置更为均衡。根据样本自然村的数据分析，十年间乡村公共服务设施配套愈发完善，医疗设施[①]、养老设施的覆盖率显著提升（表4-3-1）。随着乡村家庭儿童入城入镇上学比例的大幅提升，乡村教育设施大幅减少，城乡教育设施资源配置更趋均衡。党群服务中心、小卖部、健身场地、文化活动中心等公共服务设施在样本自然村的覆盖率均已过半，村民生活和文化娱乐需求得到有效满足。

2012—2022十年间样本自然村公共服务设施覆盖情况比对　　　　表4-3-1

公共服务设施	2012	2022	
	比例	村庄个数	比例
教育设施	39.51%	10	10.47% ↓
医疗设施	76.16%	81	84.38% ↑
文化活动中心	—	58	60.42%
健身场地	63.70%	67	69.79% ↑
养老设施	9.25%	37	38.54% ↑
快递点	—	42	43.75%
小卖部	—	79	82.29%
农贸市场	—	20	20.83%
农资站	—	29	30.21%
党群服务中心	—	56	58.33%
警务室	—	43	44.79%

数据来源：样本自然村调查数据。

157

---

① 为保证与2012年统计口径相同，医疗设施数据来源于样本行政村，其余设施数据均来源于样本自然村。

（四）城乡联系水平

随着交通基础设施建设的日益完善，农村家庭在医疗、子女教育、消费购物等方面的选择更加多元。大城市、县城、小城镇和村级服务中心分别扮演不同角色。大城市、县城在儿童教育方面对乡村居民具有更强的吸引力，调查显示学龄儿童家庭中18%选择送孩子去大城市接受教育，37%选择县城，两者合计达到55%；小城镇承担了主要的生活配套服务职能，统计显示小城镇承担了村民87%的社会事务办理需求，41%的就医需求，42%的子女教育需求和46%的购物消费需求；村级医疗服务相比于其他公共服务承担比重较大，统计显示32%村民的就医选择为村卫生室，主要是基础病、慢性病的诊治和药物供给（图4-3-6～图4-3-9）。

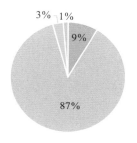

图4-3-6 村民社会事务办理地点选择

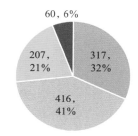

图4-3-7 村民就医地点选择

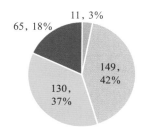

图4-3-8 村民儿童教育地点选择

图4-3-9 村民购物消费地点选择

（数据来源：均为样本农户调查数据）

四、住房改善意愿

 （一） 农房改善意愿总体特征

　　农房改善意愿地区差异较大，总体呈现由南至北递减的特征。根据样本农户问卷调查数据，苏南苏中总体农房改善意愿为47.8%，其中苏南地区改善意愿为53.7%，苏中地区改善意愿为39.5%，空间分异现象显著。苏南地区的苏锡常三市农村住房改善意愿均在60%以上，常州更是高达62.8%；而苏中地区的扬泰通三市改善意愿总体不高，南通只有35.1%的改善意愿（图4-4-1、图4-4-2）。

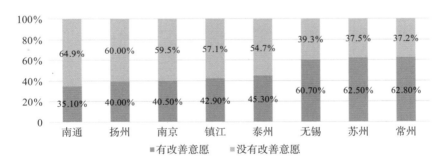

图4-4-1　苏南苏中8市农房改善意愿对比图

（数据来源：样本农户调查数据）

　　农房改善的预算高低分布不均。根据对407户有改善意愿农户的调查，户均预算约为45万元，大多预算集中在10万～30万元区间。苏州市的受访农户在住房改善花费上的预算最高，户均约100万元；而南京、扬州等市的受访农户在住房改善花费上的预算总体偏低，户均不足20万元。

　　村民更愿意采取自建改善方式。据统计，除常州外，其余7市受访农户的自建意愿均超出50%，苏州市的自建意愿更是高达86%。常州市金坛区、武进区、

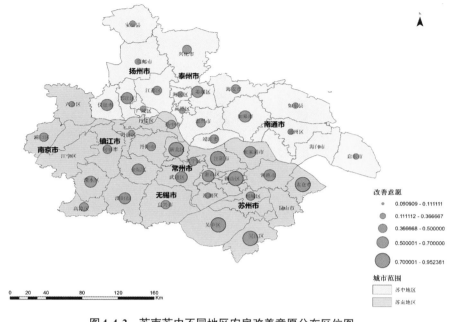

图4-4-2　苏南苏中不同地区农房改善意愿分布区位图

（数据来源：样本农户调查数据）

溧阳市等地近年来在农房统规统建上效果显著，例如，金坛区薛埠镇花山村、武进区礼嘉镇何墅村、西夏墅镇梅林村等，因而使得受访农户更青睐代建的改善方式（图4-4-3～图4-4-5）。

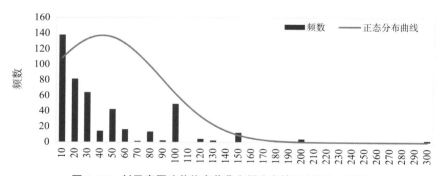

图4-4-3　村民意愿改善住房花费金额分布情况（单位：万元）

（数据来源：样本农户调查数据）

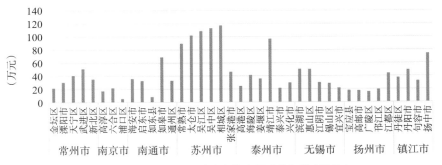

图4-4-4　各市受访农户的房屋改善预算（均值）

（数据来源：样本农户调查数据）

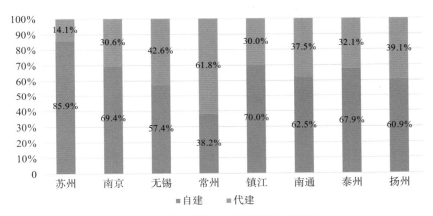

图4-4-5　各市受访农户的改善方式倾向

（数据来源：样本农户调查数据）

 多因素影响显著性分析

　　农房改善意愿是农户非常个体化的表达，常常受到内外多种因素的影响，为了更好地了解农户住房改善意愿，本研究对调查样本农户（941户）数据进行二元Logit（Logistic）回归分析（表4-4-1）。通过分析发现以下因素对农房改善意愿有显著影响：

　　（1）规划发展政策：非规划发展村的农户较规划发展村的农户有更强的农房改善意愿；

　　（2）受访人年龄：随受访人年龄的增长，农房改善意愿降低；

　　（3）家中常住人口：随农村家庭村内常住人数的增加，农房改善意愿上升；

（4）村庄人均纯收入：经济发展水平越好、人均收入越高的乡村，农房改善意愿越强；

（5）房屋建造年代：房龄越高，农房改善的意愿越强；

（6）义务教育阶段适龄儿童：有义务教育阶段适龄儿童的家庭相较于没有该类儿童的家庭，改善意愿更强。

苏南苏中农村住房改善意愿二元Logit模型回归结果　　　　表4-4-1

因素	B	标准误差	瓦尔德	自由度	显著性	Exp（B）	XP（B）的95%置信区间	
							下限	上限
规划发展村（1，0）	-0.343	0.172	3.955	1	0.047	0.710	0.506	0.995
年龄	-0.027	0.006	19.549	1	0.000	0.974	0.962	0.985
常住人口	0.082	0.049	2.797	1	0.094	1.085	0.986	1.195
人均纯收入	0.144	0.072	3.991	1	0.046	1.155	1.003	1.330
建造时间	-0.054	0.007	59.584	1	0.000	0.948	0.935	0.961
是否有义务教育阶段的适龄儿童（1，0）	0.478	0.159	9.017	1	0.003	1.613	1.181	2.205
常量	108.503	14.010	59.983	1	0.000	1.325E+47		

数据来源：样本农户调查数据。

（三）村庄类型对改善意愿的影响

非规划发展村的农户相对于规划发展村的农户有更强的农房改善意愿。根据样本农户调查数据，规划发展村农户的改善意愿为47.2%，而非规划发展村改善意愿达到53.8%（图4-4-6）。

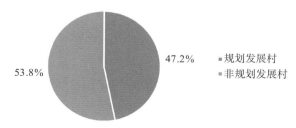

53.8%　　　47.2%　■规划发展村　■非规划发展村

图4-4-6　规划发展/非规划发展村的村民改善意愿对比

（数据来源：样本农户调查数据）

(四) 房屋建造年代对改善意愿的影响

　　房屋建造年代对住房改善意愿影响显著，房龄越老，村民改善意愿越高。1980年及以前的农房房龄已超40年，房屋结构和设施条件都已无法满足村民的现代化生活需求，因此改善意愿最高，需求也最为迫切（表4-4-2），然而囿于经济能力、政策障碍、地理条件等原因，难以实施改善行动；1980—2000年的农房改善意愿总体较高，且体量最大，是农房更新改善的主要对象；2000年后的农房虽然仍有改善需求，但总体满意度高（90%以上），改善意愿总体较低。

三个房龄阶段的村民改善意愿对比 表4-4-2

建造年代	户数	家庭平均收入（万元）	平均建筑面积（m²）	平均宅基地面积（m²）	危房比例	自住率	有意愿改善比例
1980年及以前	93	8.7	160.9	149.3	33.3%[①]	92.5%	61%
1980—2000年	601	10.9	207.2	187.9	11.5%	95.3%	54%
2000年后	235	14.1	234.4	183.3	0	93.6%	30%

数据来源：样本农户调查数据。

163

　　1980年及以前具有改善需求但仍未改善的农房与农户家庭，大致可分为三种类型：

　　（1）政策障碍型：指受地方管控政策限制而无法翻建的农房。主要有位于生态红线管控区内、位于传统村落保护范围内，或是位于非规划发展村（组团）内的农房，均受到禁建政策的管制。典型如苏州市吴中区明月湾村，为国家级历史文化名村，村域范围内存在大量1980年及以前的不属于文保单位的老旧农房，目前缺乏可行的翻建方法；又如泰州市海陵区麒麟社区（涉农社区），村域范围内偏远组团的零散农户，因不在村庄规划发展的范围内而无法原地翻建（图4-4-7）。

　　（2）空间障碍型：指所在村庄空间紧张、道路狭窄，不具备翻建空间条件，翻建需求无法满足的农房。典型如里下河地区的垛上村庄，四面环水，建设空间紧张，农户宅基地面积普遍偏小，无法满足农户的翻建需求（图4-4-8）；还有大量历史上曾经是老集镇所在地的村庄，房屋建设密度较高，内部道路狭窄，共墙问题严

---

　　① 本次入户调查，着重选择了较多1980年前的农危房样本，使得样本中农危房比例相对较高。

重，翻建难度较大，收益不高（图4-4-9），农户翻建意愿因此较低。

图4-4-7　泰州市麒麟社区-零散居住组团限制翻建的1980年及以前农房现状

（图片来源：课题组自摄）

图4-4-8　泰州市里下河地区黑高村地貌和村内狭窄道路空间

（图片来源：课题组自摄）

图4-4-9　泰州市姜堰区官庄社区老集镇衰落后的拥堵空间与农房现状

（图片来源：课题组自摄）

（3）经济障碍型：指农户家庭经济条件较弱（包括五保户），即使有农房改善需求也无力承担改善费用的类型。目前存在少量1980年及以前农房，因尚未被认定为农危房，无法申请农危房修缮补助，但实际居住条件不容乐观的情况（图4-4-10）。

图4-4-10 泰州市靖江市新义村五保户老人农房现状（屋顶漏雨无力修缮）

（图片来源：课题组自摄）

（五） 经济发展水平对改善意愿的影响

人口与经济持续增长的地区，农户住房改善意愿普遍较高。人口正增长的地区居住需求量更大，经济发展水平高、居民收入水平高的地区改善能力更强，两项因素互相推动，导致农户改善意愿更为强烈，反之则改善意愿较弱（图4-4-11、图4-4-12）[1]。由于苏南地区经济发展水平和人口增长水平均高于苏中地区，相应地苏南地区农村家庭具有更高的住房改善意愿。

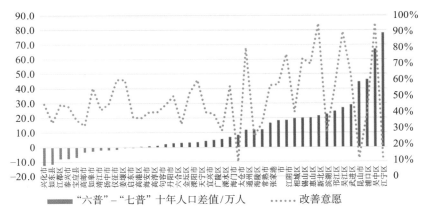

图4-4-11 地区十年人口增长水平与村民改善意愿叠加分析图

（数据来源：样本农户调查数据）

---

[1] 由于样本选择的差异性特征，部分样本村地处经济发达的苏南地区，经过特色田园乡村、新农村社区等建设，房屋年代较新、设施较为齐全，村民改善意愿也较弱，如本次调查的苏州昆山市吴桥村、无锡滨湖区柴泉苑等，均属于此种情况。

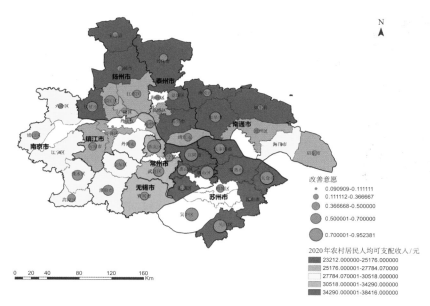

图4-4-12 江苏省农村居民人均可支配收入与改善意愿叠加分析图

（数据来源：样本农户调查数据）

五、问题与经验

 共性问题

基于与各市县的座谈以及现场探勘，发现在农村住房改善方面存在以下若干方面共性问题。

1.有改善意愿但翻建难度大

重点改善对象翻建限制较多。1980年以前的老旧农房作为重点改善对象，改善意愿占比为61.8%，仍有近四成农户没有改善意愿，主要原因有以下三个方面：第一，老旧农房空关比例高，人去楼空导致翻建难。随着省域城镇化进程的推进，农村人口流失现象普遍，尤其随着交通条件的不断改善，苏中地区乡村人口向发达地区集聚，进一步加剧老旧农房的空关现象；第二，无翻建资格权导致翻建困难。农民进城购房落户、退出集体经济组织后即不具备宅基地资格权，但仍拥有祖宅的继承权，这类老旧农房只能更新不能翻建；第三，经济条件受限导致翻建难。目前，仍使用1980年及以前农房的主体为留守老人或低收入家庭，经济条件制约导致翻建困难。

翻建标准低于现状导致意愿低。当前农户的宅基地面积普遍较大，农房翻建前后必然存在面积差，农户的既得利益与面积管控之间的矛盾凸显。当前各市县区执行的农房翻建面积标准不一，翻建标准较高的地区矛盾相对缓和，比如在宅基地面积标准为200m²的市县区。而翻建标准较低的市县区，如宅基地面积标准为135m²的市县区，农户利益受损较大，翻建意愿普遍较低。

2.允许农房翻建的村庄占比较低

由于规划发展村占比较低，大量村庄农户的翻建要求无法得到满足。当前，各市县区允许农房翻建的村庄类型仍不统一，大部分仅允许规划发展村实施翻建，省级专项奖补资金的支持范围也是规划发展类村庄。然而，在苏南苏中的乡村类型构成中，规划发展村仅占18%，一般村占比达54%，撤并类村庄占28%，也即82%的村庄不具有翻建资格。一般村和拆迁撤并村的大量农房无法在短期内实施拆迁或异地翻建，农户改善居住条件的需求尤其强烈。样本农户调查数据显示，非规划发展村住房改善意愿达到了53.8%，高于规划发展村的47.2%。

3.支持农房改善的建设用地缺乏保障

农民集中居住规划布点多但落实少。当前乡村普遍存在"出门就是基本农田"的现象，规划发展类村庄作为拆迁撤并村农户的接纳地，普遍存在无法落实建设用地指标的问题，导致异地搬迁、原地扩建均难以实施。如张家港市近两年规划了33个集中居住点，仅落实了8个，溧阳市规划了16个点，只落实了4个①。规划衔接不足与可操作性较低等问题，导致集中建设点基本无法按期实施，农民住房改善意愿长期被搁置。

村庄集中建设需求和土地管控的矛盾突出。通常村庄原址翻建很难集约腾挪出用地指标，建筑规整后腾出的土地多用于改善村庄道路，增加污水、停车以及景观设施和公共服务设施。具有一定规模的异地集中翻建是节约土地指标和建设成本的理想模式，然而受制于建设用地指标和国土空间规划的约束，异地集中翻建的难度较大。

4.制度缺位与治理难点

与农房改善相关的制度缺位主要有两个方面。一是农房建筑质量认定标准和施工人员监管仍缺乏法律依据，工匠管理的上位法规缺失导致建设过程缺乏监管抓

---

① 数据来源：市级调研座谈会笔录。

手；二是尚未建立统一的宅基地有偿退出实施机制，常州、扬州等城市在小范围内试行宅基地转租、置换以盘活用地资源，但对于人口流失严重、空关房比例较高的乡村而言，如何有效引导宅基地有偿退出是乡村农房改善的关联课题。

农房改善存在三个方面的治理难点。一是城镇化快速推进时期的大拆大建塑造了近郊农民"等拆迁"的思维，普遍存在"拆迁期待"，随着城市建设进入存量时代，这种思维显然不利于乡村人居环境和住房条件的改善；二是补偿标准差额使得宅基地有偿退出难，以常州市为例，征地拆迁可以获得3000～4000元/m²的补偿，而退让宅基地的补偿仅为2500元/m²，这一落差使得农民根本不愿退出宅基地；三是农房原地翻建影响四邻，翻建行为往往成为乡村邻里纠纷的焦点问题，这往往是基层治理的难点。

关于农村住房条件改善，共性问题之外同时存在着个性问题。这些问题虽然不是八地市共同存在的，但也较为普遍，具有一定代表性，值得关注。

1.传统村落改善意愿强烈但缺乏相应制度支持

在自然山水和历史文化比较有特色的传统村落，农房翻建常常受制于风貌管控、生态保护等制度因素，搁置时间较长，对村民的日常生活造成极大困扰。典型如苏州市吴中区的明月湾村，作为中国历史文化名村，其农房翻建的制约条件非常严格、复杂，因此虽然存在大量20世纪80年代以前的农房，村民住房改善意愿也非常强烈，但农房改善工作迟迟无法推进。与之相似的是泰州市里下河地区村庄，因生态红线管控而冻结了房屋翻建程序（图4-5-1、图4-5-2）。

2."去辅房"要求与经营性活动存在冲突

当前，苏南地区对于新翻建的农房不再允许建辅房，但一些经营特色产业的乡村长期依赖辅房用于生产经营，两者之间的矛盾较为突出。如乡村旅游型村庄将辅房用于农家乐厨房，农业产业型村庄将辅房用于炒茶、存放农具、储存和包装农产品等功能，辅房能否建、如何建、如何管，需要因地制宜，因势利导（图4-5-3）。

图4-5-1　明月湾村全景（左）及承载村民日常生活的1980年及以前老房子（右）

（图片来源：课题组自摄）

图4-5-2　明月湾村部分村民的农危房已拆除但尚未落实翻建方案

（图片来源：课题组自摄）

太仓市方家桥村：辅房用于制作羊汤　　　苏州市树山村：辅房用于存放农具

图4-5-3　仍有部分辅房承载经营性活动

（图片来源：课题组自摄）

3."共墙连排"现象导致翻建难

由于建设用地比较紧张，上一轮农房建设中大量存在多户农宅"共墙连排"现象，导致当前出现单户翻建难以实施，组团翻建难以达成共识的困境。此次调查中常州市武进区、天宁区，无锡市滨湖区，南京市六合区等农村就存在大量共用山墙的老旧农房，因农户意见不统一而迟迟无法翻建（图4-5-4）。

无锡河西新村　　　　　　　　　　　常州东姚村

图4-5-4　老旧农房"共墙连排"导致翻建难

（图片来源：课题组自摄）

 **实践经验**

在改善农村住房条件工作中，各县市区积极探索，形成了一系列具有推广价值的实践经验。

1.多部门联合推进农房改善

建立农房条件改善联席会议制度，通过联席会议组织多部门研究、协调农村住房条件改善工作中的重大事项，合力加快推进农房改善专项行动。扬州、镇江等城市主动将特色田园乡村建设、美丽宜居村庄建设、传统村落保护等与农村住房条件改善工作协同推进。

2.完善地方农房建设规范

编制农房设计标准图集。通过组织农房设计大赛、委托设计院编制等方式，各地市均已形成适用于本地实际的图集，便于农房建设风貌的统一和施工监管。苏州市更是允许农民在指定图集的基础上进行个性化修改，最终方案获批后纳入当地图库，有效地推动了农村风貌特色的塑造。

编制农房建设质量安全相关的技术文件。苏州市组织专业技术力量编印《苏州市农村住房施工质量安全指导图册》《苏州市农村住房建设和风貌塑造技术指引》。南京市编制了《南京市农村住房条件改善工作技术指引》，包含农房改造、农房新建、村庄改善等内容，结合实际案例对乡村建筑风貌、村庄人居环境、房屋质量安全等方面提供正负面清单。

3. 样本示范推动农房改善

发挥样本村的示范作用。常州市开展了"五优农居"示范工程建设，试点推进15个村庄的农村居民住房改善工作，已完成5个村。苏州市在全市特色田园乡村建设基础上，组织开展苏式水乡经典样板村庄培育，探索实施整村农房建设试点。

发挥乡贤力量协调农房建设矛盾。常熟市依托乡贤解决住房建设纠纷，通过成立村议事会的方式，请有威望的老人、干部来调解、化解组团翻建中的居民矛盾。

4. 加强农房建设信息化管理

为简化审批流程，目前各市已经将农房审批权下发至乡镇，部分城市已经完成并使用线上审批系统。常州市已经完成宅基地和建房线上审批系统，并已在溧阳市、武进区和新北区试用；推行宅基地和建房审批两证合一，通过线上系统实施电子化审批，并提供线上管理和宅基地抵押贷款等金融服务支持，武进区已经为42户建房户发放农房（宅基地）抵押贷款1763万元。昆山市推行"一房一档"，实施农房建设的全过程信息化监管，从规划入库到审批过程，再到质量安全管理各节点验收材料的录入均实施数字化管理。

5. 强化农房施工质量管理

昆山市的农房建设选择有资质的建筑施工企业承担，筛选建立优质施工企业"名录库"并进行年度考核，不合格的单位次年不得进入农房建设市场，并建立村级网格员巡查制度，推行"一村一监督"以加强农房建设现场管理监督。常熟市、吴江区等积极开发建筑工匠信用管理系统，由属地政府采取信息化实名过程管理，确定工匠承接业务的资格并管控其承接数量以保障施工质量。扬州市利用职大资源，聘请教师开展建设工匠培训。

6.加大农房专项资金支持

资金奖励支持抱团翻建。常州市武进区提出5户以上补贴10万元/户，30户以上15万元/户。苏州市高新区为鼓励组团翻建，达到区农房标准的给予2万～10万元/户的资金奖励。

专项资金支持基础设施建设。扬州市邗江区落实区级财政200万元支持新型农村公共基础设施建设。苏州市每年安排市级专项资金用于农房改造、河道疏浚、河道长效管理、水利工程管护，太仓市2021年共安排了1.2亿元。

专项资金鼓励单户翻建。昆山市实施农房建设风貌奖励，如评上五星院落的农户每年给予1万元的奖励。泰州市对于按照标准图集进行农房建设的农户给予资金奖励。南京市对于C、D级危房及1980年以前的农房，市级财政按照新建翻建1.4万元/户、维修加固0.4万元/户标准进行补助。

（四） 创新做法

在实践中，各县市区也涌现出一批创新做法，值得进一步探索和总结。

1.盘活宅基地资源

作为国家宅基地改革试点的常州市武进区提出宅基地有偿使用制度，即村内宅基地指标可有偿购买和转让，促进村集体资产升值。武进区在2021年实施有偿使用的宅基地共450宗，村集体收取有偿使用费1884万元，2022年又试点实施农民自建区宅基地择位竞价机制，村集体通过竞拍宅基地获得386.5万元的集体资产增值。

2022年5月，常州市武进区对6个地块进行公开竞价择位，符合资格要求的16户农户参与竞拍，每个地块起拍价5000元，6个地块共3万元。经过116轮竞价，6处宅基地地块竞得价从4.5万元至19万元不等，竞得总价82.3万元，溢价超27倍，溢价部分纳入集体资产用于后续公建配套设施的建设费用。

镇江市提出宅基地自愿有偿退出，退出后留权不留地的做法。对于全家进城落户无翻建资格权的情况，保留原房屋户主的户籍回迁权，制定了宅基地资格权重获制度，以解决空关房、无资格房的翻建问题。扬州市宝应县设立专项资金鼓励农民退出宅基地到县城购房居住，自愿退出宅基地的农户凭县城的新购房证明可领取23万～27万元/户的奖励。

2.盘活空关房资源

苏州、扬州等市在旅游产业基础较好的乡村实施空关房有偿转让、租赁。苏州市吴江区探索空关房有偿转让用于产业发展项目，如通过拆迁途径腾出农房做民宿、餐饮等经营性项目，或由农村合作社向农民租赁空关房并交由第三方进行盘活，农户以租金入股，租期为20—30年。扬州市仪征市采取房屋使用权回收、产权不回收的方式由村集体回收空关房，结合特色田园乡村的打造用于民宿、餐饮等乡村旅游设施的建设，宝应县引导村民将闲置农房在县域范围内有偿置换，退出宅基地去县城购房给予资金奖励。

3.多途径鼓励规模翻建

苏南城市在翻建需求旺盛的乡村通过政府资金补助、经营性建设用地腾挪等方式推动农房的规模化翻建。常熟市尝试整村归并移位的方式，制定了《关于"千村美居"实施过程中农村宅基地归并移位的指导意见（试行）》，探索在村庄附近依托现有建设用地（厂房），通过整体规划实施，引导整村移位。沙家浜镇芦荡村、裴家庄已经实施了整村移位，大大提升了乡村人居环境水平。

鼓励小规模组团翻建，即组织小范围内农户统一房型统一建造，节约集约土地，优化村庄整体空间布局。常熟市常福街道小义村、沙家浜镇黄桥村等乡村已经试点实施，常州市武进区也正在试点"抱团自建"农房。

4.优化规划支持农房建设

一是调整镇村布局规划，提高可翻建的村庄比例。张家港2021年重新编制镇村布局规划，规划发展村的占比从14%提到51.3%，拆并类村庄由42%降至19%，并允许一般村翻建，翻建范围迅速提高到80%以上[①]。二是苏南乡村在前期散点打造的基础上实施乡村的片区化发展。苏州于2021年率先开展首个省级特色田园乡村示范区建设，并编制《苏州市吴中区传统村落集中连片保护利用示范区规划》。溧阳市提出2022年起打造5个美丽乡村片区。随着《江苏省特色田园乡村示范区建设指南》的实施，未来将有更多城市选择在更大区域范围内改善乡村的人居环境和基础设施建设水平。三是对管控区的乡村采取特事特办的规划管理。苏州市吴中区对于生态管控区内的以及与生态红线存在冲突的农房改善，由区农房办组织市级部门开展规划论证，明确改善方案[②]。

---

① 数据来源：张家港市农房改善专项调研座谈会笔录。

② 资料来源：苏州市农房改善调研专项座谈会笔录。

六、策略与建议

 农房改善策略

1.将农房改善作为江苏省全面推进乡村振兴的重要抓手

江苏正在大力推进的全域农房改善工作不仅关系到农民居住条件的提升，更是乡村人居环境的全面更新，是一项重要的民生工程。在全省层面继续推进农房改善，继承苏北农房改善工作的优秀经验，是对全省农村建设和农民安居的托底支持，充分体现了以人民为中心、为农民办实事的主旨。通过提升乡村人居环境、提高农民居住水平来推动江苏农村的高质量发展、推动农业农村现代化，持续缩小城乡区域发展差距，是实现全面乡村振兴的重要举措。

2.鼓励改革试点，激发地方农房改善工作创新活力

面对当前苏南苏中农房改善工作推进过程中所存在的用地紧张、规划制约、财政资金不足等多种复杂问题，各地已通过创新试点，积累了一批具有推广价值的案例做法和实践经验。习近平总书记2021年在福建乡村考察时指出："要抓住机遇、开阔眼界，适应市场需求，继续探索创新"[①]。农房改善工作应在坚持"农民主体"的基础上，加大改革创新力度，鼓励多方试点，加强沟通交流。积极探索农户自愿有偿退出宅基地、村集体盘活"空关房"、空间条件限制的村庄"异地翻建"等创新方法，调动农民自身改善住房的积极性、主动性和创造性，及时回应农民自我更

---

① 习近平总书记2021年3月22日至25日在福建考察时的讲话。

新住房的正当诉求，共同推进全省农房改善工作高质量发展。

3. 尊重地方差异，因地制宜做好农房改善制度设计

目前，全省依然存在较大的区域差异，农房改善应当根据地方的经济发展水平、人口流动趋势、地方财政和农民可负担能力等因素，因地制宜地制定差异化政策。对于经济发展水平不足、人口流失严重的欠发达地区乡村，未来人口回流的可能性较小，老龄化和空心化趋势明显，建议引导农村人口向城镇集中，提升城镇医疗教育等公共服务水平，配套切实可行的宅基地有偿退出机制。

对于经济发展水平较高、人口双向流动趋势明显的发达地区乡村和城市近郊乡村，农民改善意愿强烈，建议通过规划管控引导和适度放权，支持农房翻建。邻近城区的乡村受到城市社会经济的外溢效应明显，不仅能够为城市解决部分外来人口的租住需求，同时能够为本地居民开启"城乡双栖"的居住模式。随着更多新产业、新经济向都市区内环境优美的乡村转移，近郊乡村在城乡一体化的推动下已经呈现出多元的经济价值，对于这部分乡村应给予更多的政策支持。

4. 加强组织领导，构建切实有效的农房管理机制

农房改善是涉及住建、自资、农业农村、发改等多个部门的系统性工作，需要各部门的统筹协调。第一，要继续巩固和细化农房改善联席会议制度，各部门按照职责分工，夯实工作着力点，建立稳定、长效的工作机制；第二，要做好乡村规划统筹，在各市国土空间总体规划的指导下，在尊重农民住房改善意愿和需求的前提下，完善村镇布局规划、实用性村庄规划，优化村庄分类体系和对应的农房改善实施策略；第三，要落实支持农房改善的一站式服务，通过建立农房建设信息化管理系统、简化审批流程等举措优化农房建设的过程管理，构建切实有效的农房管理机制，各地方出台清晰的农房翻建操作指引并向农民公示；第四，要深入研究农房改善中的难点痛点，对历史文化村落、传统村落、共墙连排等具体问题采取具体分析，在维护好农民切身利益的基础上制定切实可行的实施对策。

（二）实施措施与政策建议

1.适时调整相关规划支持农房建设

第一，强化国土空间规划对农房建设的支持。针对当前土地管控严格带来的农房翻建难题，建议国土空间规划充分考虑农房建设需求，建立必要的用地协调机制。如在农房改善意愿强烈的发达地区，鼓励异地翻建、集中式布局的地区，空间规划可以在乡村建设用地指标不突破的基础上，给予乡村用地调整的必要支持。

第二，动态调整镇村布局规划。目前，各市的镇村布局规划多编制于2019年，和国土空间规划缺乏衔接，建议各市根据最新的国土空间总体规划相关成果，尤其"三区三线"的划定方案，及时调整镇村布局，尤其对一般村、撤并村的数量进行动态调整，对撤并村提出明确搬迁实施年限，以畅通非规划发展村的农房翻建渠道。

2.强化传统村落农房改善的制度设计

在保护村落传统风貌的基础上兼顾村民住房改善意愿和乡村人居品质提升需求，进行相应的制度设计。对于20世纪80年代以前的传统建筑，建议在严格遵守历史文化村落保护更新要求的基础上，按照农房翻建的面积标准，允许村民在原址根据建筑原貌进行住房翻建。传统村落内因户籍外迁而缺失宅基地资格权的，建议区县相关部门开展商议评估，允许在一定时间窗口内原房主按照历史风貌保护要求进行翻建。

3.完善宅基地和空关房的盘活和退出机制

对于经营性活动活跃的乡村，支持闲置农房由集体经济组织通过回租再转租等方式进行盘活。在维护村集体主体性的前提下鼓励优质社会资本进入乡村，盘活闲置宅基地和空关房，支持乡村特色产业发展。对于人口流失、空心化严重的乡村，加快研究相关政策，支持宅基地的有偿退出。

4.优化调整非规划发展村的农房改善策略

当前，江苏省城镇化进程已经进入到速度放缓、质量提升的稳定阶段，大规模实施村庄拆迁撤并和异地新建的难度较大，考虑到目前非规划发展村的数量占比超过80%，村民具有较强的农房翻建意愿，建议各地尽快制定相应实施措施，在尊重农民意愿的基础上逐步放开翻建限制，如5年内没有纳入撤并计划的非规划发展村，允许其按照相关规定实施原址翻建。

5.完善农房改善相关的管理细则

第一，优化奖补资金的实施范围，完善奖补项目清单等管理细则。建议在奖补资金的使用上给予地方一定自由裁量权，尤其前期已投入大量财力、乡村人居环境和公共基础设施条件已经达到较高标准的地方，使其适用于更大尺度的片区基础设施改善，以实现资金使用效益最大化。第二，尽快明确农房改善完成的判定标准，对翻建类、维修类、拆除类等不同改善类别提出可对照、可评价、可检验的标准。

6.加强农房建设质量管理

以施工企业为建设主体的，应遴选有资质的企业进入农房建设市场，由地方政府按照企业管理要求进行质量考核，尽快建成优质施工企业的"名录库"。以工匠为建设主体的，应对其实施"实名制"管理，培养并授予一批经过认证的"乡土专家"，加快制定农房建设的具体标准并加强对工匠的业务和规范培训，积极推进建筑工匠信用管理系统。建立村级网格员巡查制度，推行"一村一监督"以加强农房建设现场管理监督。

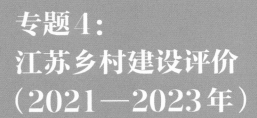

专题4：
江苏乡村建设评价
（2021—2023年）

执 笔 人： 李红波　胡晓亮　陈欣蔚
完成单位： 江苏省城乡发展研究中心
　　　　　　南京师范大学区域发展与规划研究中心

　　实施乡村建设行动是党的十九届五中全会作出的重大部署，是推进农业农村现代化的重要抓手。习近平总书记强调，要实施乡村建设行动，继续把公共基础设施建设的重点放在农村，在推进城乡基本公共服务均等化上持续发力，注重加强普惠性、兜底性、基础性民生建设。为深入学习贯彻习近平总书记关于乡村建设的系列重要指示批示精神，贯彻落实中共中央办公厅、国务院办公厅印发的《关于推动城乡建设绿色发展的意见》《乡村建设行动实施方案》部署要求，住房和城乡建设部连续三年（2021—2023年）组织开展乡村建设评价工作。通过构建乡村建设评价指标体系，建立乡村建设评价机制，开展深入调研，精准查找问题、扎实解决问题，补齐乡村建设短板，提升乡村建设水平，有效解决群众急难愁盼问题，切实增强农民群众的获得感、幸福感、安全感。

一、基本情况

 样本县基本情况

1.样本县选择

按照住房和城乡建设部关于乡村建设评价工作的要求，评价重点面向县，特别是农业县，县级市和市辖区不纳入评价范围。2021年将东海县、建湖县和沛县作为江苏省样本开展乡村建设评价工作。江苏经济社会发展水平由南向北依次递减，虽然重点研究苏北地区乡村建设，但仅选择三个苏北农业县不能完全反映江苏乡村建设的客观实际。为更好地对江苏省乡村建设情况进行系统化、精细化监测评估，2022年，江苏省住房和城乡建设厅推荐南通市如东县作为评价的新增样本县。因此，近两年的评价工作江苏省共选取4个样本县，分别为东海县、建湖县、沛县和如东县。

2.样本县基本情况

四个样本县虽在经济发展水平、地域文化等方面存在差异，但总体上都属于农业县。连云港市东海县位于江苏省东北部，是闻名中外的"水晶之都"，其通过工业化理念经营农业，成为全国首批沿海对外开放县和全国农村综合实力百强县之一。盐城市建湖县位于江苏省苏中里下河腹地，是著名的杂技之乡、淮剧之乡，其依托水乡自然生态、传统乡土文化和生态农业，发展乡村旅游业前景广阔。徐州市沛县是江苏省和华东地区的煤炭主产地，其依托资源优势，以市场为导向，以结构调整为主线，已迈向新型工业化道路。南通市如东县位于江苏省东南部、长江三角洲北翼。秦汉以前县境为长江口沙洲，故称扶海洲。因长江、黄淮冲积成陆后，如东盐业兴起，亭场林立，至明清繁盛一时。中华人民共和国成立后，现代农渔业得到发展。1988年对外开放后，经济社会持续发展，迈入全国百强县行列。

 指标体系构建原则

通过广泛征求有关研究机构、专家学者、地方住房和城乡建设部门等的意见，最终确定乡村建设评价指标体系。2021年，指标体系包括发展水平、农房建设、村庄建设、县城建设等4个方面核心目标。围绕核心目标，确定了18项分解目标，共计71项指标。2022年乡村建设评价指标体系在参考2021年指标体系基础上，新增分解目标"（十九）乡镇建设"，新增指标6项，删除指标4项，修改指标8项，变化内涵4项，调整后指标体系共计73项。2023年指标体系在2022年指标体系基础上，将核心目标"县城建设"修改为"县镇建设"，新增指标23项、删除指标39项、修改指标15项。指标体系主要包括农房建设、村庄建设、县镇建设、发展水平4大核心目标，11个分解目标，共计57项指标。

 工作开展情况

2021—2023年，江苏省城乡发展研究中心组织南京师范大学、江苏省规划设计集团有限公司、南京长江都市建筑设计股份有限公司、江苏省城镇与乡村规划设计院有限公司等第三方评价机构，在江苏省住房和城乡建设厅的指导和各样本县政府及有关部门、乡镇、村的积极配合下，赴样本县深入开展实地调研，共计走访12个镇、40个村庄，发放收集调查问卷、采集村景及无人机航拍照片，深入客观了解样本县乡村建设情况（图5-1-1）。

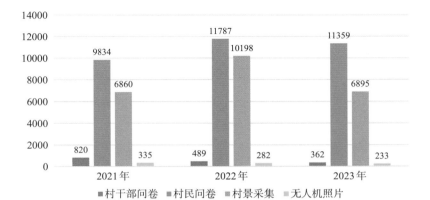

图 5-1-1　工作开展情况

（数据来源：课题组自制）

二、乡村建设成效评价

 农房品质风貌建设效果明显

1.农房品质功能稳步提升

村民问卷调查显示，样本县村民对于住房条件的满意度大幅提升。由2020年的55.1%增长到2021年的63.4%，2022年大幅增长到76.3%，共增加了21.2个百分点。

样本县燃气推广成效明显，使用燃气的农户占比逐年稳步提升。由2020年的83.2%提高至2021年的87.7%，2022年再次提升到92.0%，均大幅高于同期全国样本县的平均水平（图5-2-1）。2022年，四个样本县使用燃气的农户占比均达到90%。

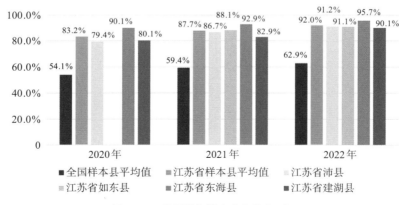

图5-2-1　使用燃气的农户占比（%）

（数据来源：村民问卷调查）

注：报告中江苏省样本县平均值是指沛县、如东县（2021年新增）、东海县和建湖县4个国家级样本县均值，下同。

2. 农房风貌特色保护效果明显

样本县村庄风貌协调度提升明显。由2020年的6.6提高至2021年的7.3，2022年又再次提升到7.7，均高于同期全国样本县的平均水平。其中，2022年建湖县村庄风貌协调度达到8.2，在全国所有样本县中位列第一（图5-2-2）。

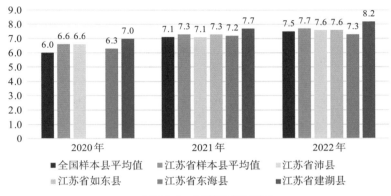

图5-2-2　村庄风貌协调度

（数据来源：专家打分）

 ## 村庄人居环境状况逐步改善

1. 村庄环境卫生水平稳步提升

样本县村庄环境卫生水平明显提高，村庄整洁度逐年稳步提升。由2020年的6.6大幅提高至2021年的7.9，2022年又再次提升到8.0，均高于同期全国样本县的平均水平（图5-2-3）。村民问卷调查显示，江苏省样本县村民对于村庄整体环境的满意度大幅提升，由2020年的53.5%增长到2021年的61.4%，2022年大幅增长到75.2%，共增加了21.7个百分点。

在垃圾分类方面，样本县实施垃圾分类的村民小组占比由2020年的21.9%大幅提高至2021年的58.4%，2022年又进一步提升到68.7%，均大幅高于同期全国样本县的平均水平。

在公厕管护方面，样本县公厕有专人管护的行政村占比逐年稳步提升，由

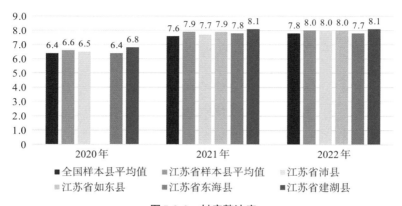

图 5-2-3　村庄整洁度

（数据来源：专家打分）

2020年的79.7%提高至2021年的88.2%，2022年再次提升到93.2%，均高于同期全国样本县的平均水平。

2.村庄基础设施条件逐步提升

在道路硬化方面，样本县村内达户道路硬化占比逐年稳步提升。由2020年的76.3%提高至2021年的83.9%，2022年又再次提升到85.4%。村民问卷调查显示，样本县村民对村内道路质量的满意度大幅提升，由2020年的46.9%增长到2021年的55.8%，2022年大幅增长到68.3%，共增加了21.4个百分点。

在供水入房方面，样本县农村集中供水入房率由2020年的86.1%提高至2022年的88.7%，均高于同期全国样本县的平均水平。

（三）村镇公共服务能力稳步提升

1.医疗卫生机构床位容量增加

样本县医疗卫生机构床位容量不断增加，千人医疗卫生机构床位数由2021年的5.3（张/千人）提高至2022年的5.4（张/千人）。开展远程医疗的医院和乡镇卫生院占比由2020年的28.5%提高至2022年的38.0%。

问卷调查显示，样本县村民对于县整体医疗服务水平的满意度大幅提升。由2020年的53.6%增长到2021年的59.4%，2022年大幅增长到71.8%，共增加了18.2个百分点。

2.县域养老设施服务能力突出

在村庄层面，样本县村级养老服务设施覆盖率由2020年的93.4%提高至2022年的全覆盖（100%），均大幅高于同期全国样本县的平均水平（图5-2-4）。问卷调查显示，样本县村民所在村，村级养老服务设施使用情况明显改善，认为使用率低的村民比例由2020年的17.8%降低到2021年的14.9%，2022年再次降低到10.3%；认为使用率高的村民比例则由2020年的30.5%增长到2021年的35.1%，2022年大幅增长到49.1%，共增加了18.6个百分点，村级养老服务设施使用率大幅提升。

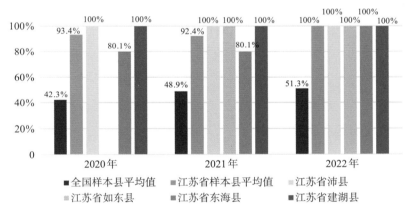

图5-2-4　村级养老服务设施覆盖率

（数据来源：地方上报）

在县城层面，样本县养老机构护理型床位占比逐年稳步提升。由2020年的60.7%提高至2021年的65.8%，2022年又再次提升到68.6%，均高于同期全国样本县的平均水平。问卷调查显示，样本县村民对于县整体养老服务的满意度大幅提升，由2020年的56.3%增长到2021年的58.5%，2022年大幅增长到74.5%，共增加了18.2个百分点。

县域融合发展水平逐步提高

1.农村居民生活水平有效提升

江苏省农村居民可支配收入稳步提升。样本县农村居民人均可支配收入从2020年的21794元增加到2021年的24745元，高于全国样本县18169元的平均水平。沛县农村居民人均可支配收入从21899元增长到24461元，年增幅12%；建湖县从23481元增长到25815元，年增幅10%；东海县从20002元增长到22269元，年增幅11%；如东县农村居民人均可支配收入为26435元。

从城乡对比角度看，样本县城乡居民人均可支配收入比由2021年的1.84降低到2022年的1.77，均低于同期全国样本县的平均水平，城乡居民收入差距逐渐缩小（图5-2-5）。问卷调查显示，样本县村民对于当前家庭整体生活水平的满意度大幅提升，由2020年的45.7%增长到2021年的51.3%，2022年大幅增长到72.8%，共增加了27.1个百分点。

2.县域返乡人口回流不断增加

样本县县域返乡人口占比稳步提升，由2020年的5.4%提高至2021年的10.6%，2022年又再次提升到14.3%。

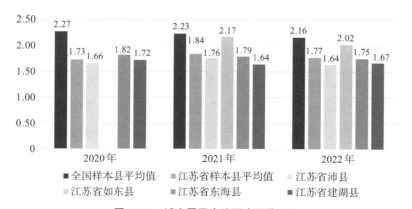

图5-2-5　城乡居民人均可支配收入比

（数据来源：地方上报）

三、乡村建设问题梳理

 农房建设管理水平有待提高

　　样本县在履行农房审批手续、乡镇农房建设管理人员数以及培训合格的乡村建设工匠方面存在不足，农房建设管理水平有待提升。2021年，样本县履行审批手续的农房占比为49.2%，低于全国52.1%的平均水平。样本县对农房的审批管理存在不足，一定程度上导致了农村建新不拆旧、农房风貌不佳等问题。

　　2022年，样本县乡镇农房建设管理人员数仅为每千人0.2人，低于全国每千人0.7人的平均水平。2023年，样本县乡镇农房建设管理人员数为每千人0.2人，与2022年持平，低于全国每千人0.4人的平均水平（图5-3-1）。样本县培训合格的乡村建设工匠占比为24.2%，远低于全国81.2%的平均水平（图5-3-2）。访谈发现，经培训合格取得证书的工匠多为电工、焊工，多数泥瓦匠、木工均未取得证书。

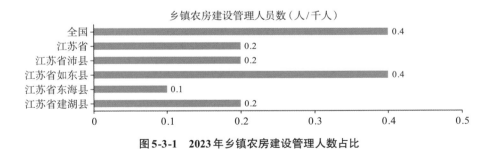

图5-3-1　2023年乡镇农房建设管理人数占比

（数据来源：地方上报）

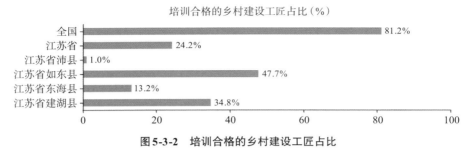

图5-3-2 培训合格的乡村建设工匠占比

（数据来源：地方上报）

（二）村庄污水处理能力亟待加强

2021年，样本县对污水进行处理的自然村平均占比仅为47.3%。样本县污水处理设施在运行的自然村占比平均为75.7%，低于全国平均水平81.9%。问卷调查显示，仅25.5%的村民对村内污水收集情况感到满意，低于全国28%的平均水平。

2023年，样本县对污水进行处理的农户占比为53.1%。调研发现，村庄污水处理设施配套不够完备，部分村民反映污水异味影响了日常生活环境。调研的40个样本村中，有16个村庄的村民对村内河流、水塘水质情况的满意度低，有13个村庄的村民对村内污水收集处理情况的满意度低。

（三）教育质量和设施水平待提升

村民对小孩就读学校的教学质量和寄宿条件满意度均低于全国平均水平。虽然满意度有所增加，但和人民对于较高水平的教育和设施的期望仍有差距。村民认为学校师资力量、基础设施、校餐配备、宿舍设施等方面有待改进。

2021年，样本县村民对小孩就读学校教学质量满意度为56.1%，对小孩就读学校寄宿条件满意度为50.9%。

2022年，样本县村民对小孩就读学校教学质量满意度为65.5%，对小孩就读学校寄宿条件满意度为60.3%。

2023年，样本县村民对小孩就读学校教学质量满意度为73.7%，对小孩就读学校寄宿条件满意度为72.2%（图5-3-3、图5-3-4）。

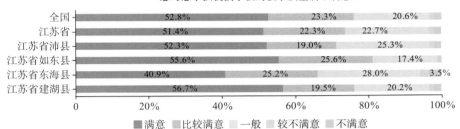

图5-3-3　2023年学校教学质量满意度调查

（数据来源：村民问卷调查）

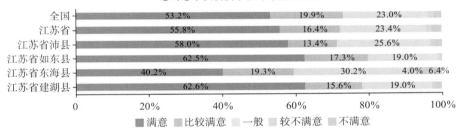

图5-3-4　2023年学校寄宿条件满意度调查

（数据来源：村民问卷调查）

（四）县域远程医疗服务亟需完善

2022年，样本县开展远程医疗的医院和乡镇卫生院占比为43.3%，与2022年江苏省50%的预期值差距较大。

2023年，样本县开展远程医疗的医院和乡镇卫生院占比仅为38.0%，较2022年有所下降，且低于全国53.3%的平均水平（图5-3-5）。

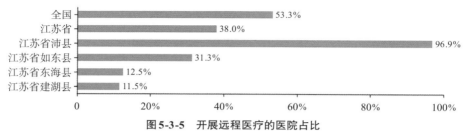

图 5-3-5　开展远程医疗的医院占比

（数据来源：地方上报）

（五）村民参与乡村治理积极性低

样本县在村民投工投劳、参加村集体活动、参与乡村建设活动、熟悉或比较熟悉村内各项事务，以及缴纳污水或垃圾治理费用方面存在短板弱项，村民参与乡村治理积极性不高。

2021年，样本县行政村村民投工投劳平均为每村49.56人次，低于全国每村79.44人次的平均水平。样本县村民经常或偶尔参加村集体活动的仅为15%、21.4%，参与乡村建设比率较低，多数村民不清楚相关组织或活动。

2022年，样本县行政村村民投工投劳平均为每村72人次，低于全国每村106人次的平均水平。样本县村民经常或偶尔参加村集体活动的仅为34.7%、27.9%，低于全国41.5%、29.7%的平均水平。

2023年，样本县村民参与乡村建设活动的积极性为38.9%，低于全国43.1%的平均水平。样本县村民熟悉或比较熟悉村内各项事务的占比为57.6%，低于全国60.4%的平均水平。样本县村民缴纳污水或垃圾治理费用的行政村占比仅为25.3%（图5-3-6～图5-3-8）。

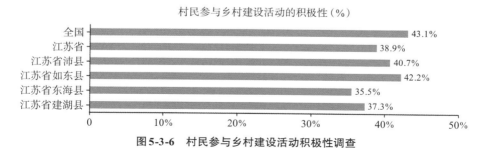

图 5-3-6　村民参与乡村建设活动积极性调查

（数据来源：问卷调查）

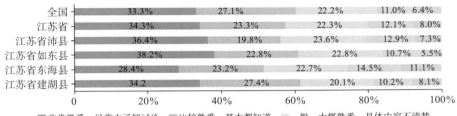

图5-3-7　村民对村内各项事务熟悉程度调查

（数据来源：村民问卷调查）

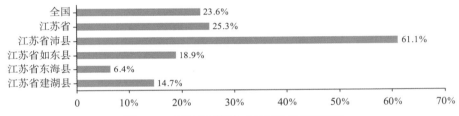

图5-3-8　村民缴纳污水或垃圾治理费用调查

（数据来源：问卷调查）

四、有关建议

196

 构建农房管理长效机制，提升农房现代化水平

加大对农房水冲式卫生厕所、独立厨房等现代化配套设施的投资，完善农房居住功能。村委会应安排专人对农房配套设施的情况进行定期检查，对损坏的农房配套设施进行及时的维修，确保农户能够正常使用农房配套设施。保证乡村农房配套设施建设、相关配套基础设施建设与城市（镇）同步。严格落实农房建设管理责任，加强对农房建设审批、竣工验收的服务和指导，引导农民依法依规申请不动产登记、领取不动产权证书。积极探索农村建筑工匠培养和管理制度，引导设计师、工程师等专业技术人员下乡服务，协助提升乡村建设工匠职业技能和综合素质。

（二）探索污水、垃圾维管机制，改善乡村人居环境

村庄生活垃圾处理应强化源头分类减量、推动有机垃圾资源化利用和其他垃圾的无害化处置。城镇密集地区或靠近城镇的乡村，可通过"组保洁-村收集-镇转运-市集中处理"的城乡统筹处置方式进行处理；其他乡村地区可通过合理选址建设垃圾无害化卫生填埋场等方式进行处理。污水处理方面，应加大投资力度，强化污水处理设施配套，完善污水管网建设。以房前屋后河塘沟渠和群众反映强烈的黑臭水体为重点，采取控源截污、清淤疏浚、生态修复、水体净化等措施综合治理，形成一批可复制可推广的治理模式。探索建立健全农村生活污水垃圾设施维护管理

机制，完善基础设施运行管护的社会化服务和市场化运作体系，逐步建立农户参与、村级统筹、政府补助的运行管护经费保障制度。

 （三） **完善各级教育基础设施，提高教育教学质量**

加大教育投入，提高学校食宿质量，完善校车等配备。加强乡村学校教育信息化建设，实施教育信息化共享融通创新发展行动。整体推动城市优质基础教育学校以城带乡结对帮扶，促进优质教育资源向乡村辐射，带动提升乡村教育质量。持续探索合理的教师轮岗机制，引导市、县（区）、镇、村各级学校教师之间的良性交流、互动、学习，提高教师教学水平和课程教学质量，保障优质教育资源的有序流动。

（四） **健全分级医疗服务体系，推进医养结合发展**

推动优质医疗资源的扩容和区域的均衡布局，加快补齐服务短板，提高医疗设施的使用效率。推进医疗联合体建设，强化网格化建设布局和规范化管理。加快推进分级诊疗体系的建设，提升基层服务能力和推动基层首诊、双向转诊，推进专科联盟和远程医疗协作网发展。构建以老人的日常生活需求为导向的供给与经营机制，倡导以家庭为单位的居家养老服务，提高现有养老服务中心质量。搭建居家养老、社区养老服务信息化平台，为老人精准建立养老档案，提供相对应的标准化养老服务。

（五） **健全乡村基层治理体系，提升村庄治理水平**

建立健全党组织领导的乡村基层治理体系，坚持党建引领，充分发挥村民、村集体的主体作用，推进村民自治制度化、规范化、程序化，提升村庄治理现代化水平。积极探索村庄治理模式，明确主体，合理引导个人、企业、社会组织等不同主体积极参与乡村建设、村庄环境治理工作，形成多元参与、共商共建的治理模式。要广泛宣传乡村治理创新案例，树立文明模范，增强村民的"主人翁意识"。

后 记

自2012年江苏省开展覆盖全省域、全类型的乡村调查伊始，持续深入的乡村调查已经成为江苏省乡村建设工作的重要范式。大量调查成果不仅为省委、省政府实施乡村建设行动提供了决策参考，也真实地记录了十年来江苏省乡村建设发展的巨大变化。为了更加全面系统地反映这一巨大变化，本书精选"苏北农房改善成效与农民意愿调查"（2021）、"苏南苏中农村住房条件改善意愿和乡村建设现状调查"（2022）、以及"江苏乡村建设评价（2021—2023年）"等多项重要调查研究的成果，同时基于相关调查梳理完成"江苏乡村十年发展变迁"主报告，一并结集出版。旨在通过客观评析江苏省乡村建设成效，提出面向中国式现代化的江苏乡村建设策略。

省域尺度的乡村调查从来都是一项艰苦的工作，江苏省住房和城乡建设厅的悉心指导与大力支持，全省13个地市以及作为样本县的沛县、如东、建湖、东海、溧阳、兴化等县（市）住建部门的有力支撑，是这项工作得以圆满完成的坚实保障。主报告撰写过程中，江苏省委研究室原副主任范朝礼、南京大学教授张京祥、南京师范大学教授张小林、江苏省城乡发展研究中心主任何培根等给予课题组宝贵的学术指导和修改建议。书稿付梓之际，衷心感谢各位领导、师长多年来的关心、支持和指导。

作为集体合作的成果，全书的分工如下：全书构架由罗震东、崔曙平拟定；主报告由罗震东、崔曙平、富伟、袁超君、卞文涛执笔；专题1由闾海、王婧执笔，专题2由崔曙平、富伟、卞文涛执笔，专题3由罗震东、袁超君执笔，专题4由李红波、胡晓亮、陈欣蔚执笔；全书文字由罗震东、崔曙平统校。江苏省城乡发展研究中心卞文涛、宗小睿、李玮华、濮蓉、王立韬，南京大学建筑与城市规划学院袁超君、徐菊芬、丁邹洲、陈曦睿、董瑶、杨培强、程嘉琦、陶姗、吴婷、高磊、张紫柠等参与了大量实地调查、数据整理和初稿撰写工作。

全书涉及的调查报告是多轮多团队协同合作的成果，他们的辛勤付出是本书得以完成的强大基础。参与团队详细情况如下：

2021苏北农房改善成效与农民意愿调查团队

设区市	合作团队	负责人
连云港	南京大学城市规划设计研究院有限公司	张 川
徐州、宿迁	江苏省规划设计集团有限公司	刘志超、张 飞
淮安、盐城	南京师范大学	张小林、李红波
数据合作：江苏省建设信息中心		陈 双

2022苏南苏中农村住房条件改善意愿和乡村现状调查团队

设区市	合作团队	联系人
南京 南通	南京师范大学、江苏省城乡发展研究中心	李红波
苏州	江苏省规划设计集团有限公司	闾 海
泰州	南京大学城市规划设计研究院有限公司	张 川
扬州	南京长江都市建筑设计股份有限公司	陶 韬
无锡	东南大学建筑设计研究院	李 竹
镇江	南京工业大学	黄 瑛
常州	江苏省建筑设计研究院股份有限公司	赵 军

2021江苏乡村建设评价省级专家团队

样本县	专家团队	联系人
建湖县	江苏省乡村规划建设研究会	李红波
沛县	江苏省规划设计集团有限公司	闾 海
溧阳市		段 威
东海县	南京长江都市建筑设计股份有限公司	陶 韬
兴化市		

2022江苏乡村建设评价省级专家团队

样本县	专家团队	联系人
沛县	江苏省城镇与乡村规划设计院有限公司	段 威
如东县	江苏省规划设计集团有限公司	张培刚
东海县	南京长江都市建筑设计股份有限公司	陶 韬
建湖县	江苏省乡村规划建设研究会	李红波

2023江苏乡村建设评价省级专家团队

样本县	专家团队	联系人
沛县	江苏省城镇与乡村规划设计院有限公司	段 威
如东县	江苏省规划设计集团有限公司	张培刚
东海县	南京长江都市建筑设计股份有限公司	周亚盛
建湖县	江苏省乡村规划建设研究会	李红波

　　本书得以顺利付梓，离不开中国建筑工业出版社张智芊编辑和相关同仁的辛勤劳动，特此衷心感谢。

　　从乡村振兴到城乡融合，江苏新时代鱼米之乡的画卷正徐徐展开。虽然发展过程中依然面临着乡村人口收缩、区域发展不均衡、城乡要素对流不顺畅等问题，但我们相信只要坚持党的领导，坚持调查研究，坚持实事求是，江苏乡村建设实践一定能够成为中国式现代化建设的精彩样本。

2024 年 12 月 28 日